普通高等院校综合实践系列教材

林木病理学实验实习指导

李会平　刘会香　主编

U1006002

中国林业出版社
China Forestry Publishing House

图书在版编目(CIP)数据

林木病理学实验实习指导 / 李会平，刘会香主编. --北京 ：中国林业出版社，2025.9. 普通高等院校综合实践系列教材
-- ISBN 978-7-5219-3286-7

Ⅰ. S763.1-33

中国国家版本馆 CIP 数据核字第 2025L608T1 号

策划、责任编辑：范立鹏
封面设计：周周设计局

出版发行　中国林业出版社
　　　　　(100009，北京市西城区刘海胡同 7 号，电话 83143626)
电子邮箱　jiaocaipublic@163.com
网　　址　https://www.cfph.net
印　　刷　北京中科印刷有限公司
版　　次　2025 年 9 月第 1 版
印　　次　2025 年 9 月第 1 次印刷
开　　本　787mm×1092mm　1/16
印　　张　9.75
字　　数　240 千字
定　　价　42.00 元

版权所有　翻印必究

《林木病理学实验实习指导》编写人员

主　　编：李会平　刘会香

副 主 编：阎爱华　朱丽华　李培琴

编写人员：(按姓氏拼音排序)

付宁宁(河北农业大学)

李会平(河北农业大学)

李培琴(西北农林科技大学)

刘会香(山东农业大学)

苏筱雨(河北农业大学)

田叶韩(山东农业大学)

王华玲(河北农业大学)

阎爱华(河北农业大学)

于成明(山东农业大学)

曾健勇(河北农业大学)

朱丽华(南京林业大学)

前　言

实践教学是高等院校人才培养中的重要环节，是培养学生实践能力、创新精神和科学思维的重要环节和手段。“林木病理学”是高等院校林学、森林保护等本科专业的专业核心课，实验实习环节不仅能巩固学生对理论知识的理解，提高学生的专业技能和创新能力，还能增强学生的专业认同感。

本教材紧密围绕林木病理学的核心知识与技能体系，体现以学生为中心、以能力培养为宗旨，坚持知识目标、能力目标和素质目标一体化的教学设计。本教材分上、下两篇：上篇林木病理学实验部分共 19 个实验，聚焦实验室内的基础认知与核心技能训练；下篇林木病理学实习部分共 7 个实习，侧重培养学生解决实际问题的综合实践能力。

本教材注重系统性与逻辑性，内容编排由基础到综合，由实验室观察到田间实践，由单一病原认知到综合诊断防控，形成清晰的知识与技能链条。注重基础与前沿并重，在夯实传统的形态学诊断、分离培养、致病性测定等同时，积极纳入病原物分子鉴定技术和林木病害智慧化监测等现代技术方法，反映学科发展动态。本教材突出实践性与应用性，强调学生动手操作能力的培养，所有实验实习均围绕核心技能设计，特别围绕松材线虫病、药效试验等林业生产中的关键问题设置了专项实践。本教材引入虚拟仿真实验，突破时空限制，开放虚拟仿真实验参数，鼓励自主探究，培养科研思维和创新能力。另外，本教材注重价值引领，将科学家精神、生态伦理等融入实践教学过程和思考题等环节。

本教材由李会平、刘会香担任主编，阎爱华、朱丽华、李培琴担任副主编，各章节编写分工如下：实验 1、实验 2、实验 6~12、实验 16、实验 17、实习 1、实习 7 由李会平、阎爱华、王华玲、曾健勇、付宁宁和苏筱雨编写；实验 3~5、实验 14 由李培琴编写；实验 13、实验 18、实验 19、实习 2~6 由刘会香、于成明和田叶韩编写；实验 15 由朱丽华编写。全书最后由李会平统稿、定稿。

本教材旨在为林学、森林保护、园林及相关专业的学生提供一部系统、实用、反映学科前沿的实验实习操作指南，也为从事一线林业科研和管理工作者提供技术指导。

由于编者水平有限，书中难免存在疏漏与不足之处，恳请广大师生批评指正。

编　者

2025 年 6 月

目 录

上篇

林木病理学实验

实验1　林木病害症状观察

数字图像

症状是发病林木外部可见的病状和病征的统称。林木生病后，有一定的病理变化过程。无论是侵染性病害还是非侵染性病害，首先在林木体内发生一系列外部观察不到的生理生化的变化，继而细胞和组织发生病变并出现肉眼可见的变化，即病害病状。有些侵染性病害主要是真菌和细菌病害，不仅表现出病状，在病部还能观察到引起林木生病的病原物，即病征，如感病部位的霜霉、白粉、黑粉、菌核、菌脓，以及寄生在林木上的寄生性种子植物等。因此，林木病害的症状包括病征和病状两部分。各种林木病害的症状具有相对的独特性和稳定性，因此症状是诊断林木病害的重要依据之一。

【目的与要求】

1. 加深对林木病害的症状认识，正确理解病状和病征的概念。

2. 认识常见林木病害的主要病状和病征类型，为科学诊断和研究林木病害奠定基础。

【实验准备】

1. 实验材料

各种类型的病害标本、新鲜发病材料、照片等。

(1)病状观察标本

①变色：海棠黄化病、苹果花叶病、杨树花叶病等。

②坏死：核桃干腐病、山楂干腐病、苹果轮纹病(果实)、柑橘疮痂病、杨树黑斑病、柿角斑病、柿圆斑病、松落针病、毛樱桃穿孔病、桃穿孔病、榆叶梅穿孔病等。

③腐烂：核桃溃疡病、杨树腐烂病、杨树溃疡病等。

④枯萎：黄栌枯萎病、桉树青枯病、松材线虫病、合欢枯萎病等。

⑤畸形：杨树根癌病、葡萄根癌病、樱花根癌病、楸树根结线虫病、枣疯病、泡桐丛枝病、月季绿萼病、桃缩叶病等。

⑥流脂或流胶：桃流胶病、花椒流胶病等。

(2)病征观察标本

①脓状物：桉树青枯病、核桃黑斑病等。

②霉状物：葡萄霜霉病、紫薇煤污病等。

③粉状物：黄栌白粉病、五角槭白粉病、杨树白粉病、月季白粉病等。

④锈状物：竹秆锈病、毛白杨锈病、柳锈病、海棠锈病等。

⑤小黑点：核桃枝枯病、松落针病、杨树腐烂病、苹果腐烂病、苹果轮纹病等。

⑥伞状物、马蹄状物：木耳、银耳、平菇、灵芝、草菇、松白腐病的子实体。

2. 实验器具

普通光学显微镜、手持放大镜、解剖针、镊子等。

【实验步骤】

1. 病状类型观察

(1) 变色

林木感病以后，叶绿素不能正常形成，叶片表现为淡绿色、红色甚至白色。叶片全面褪绿称为黄化，如缺氮、缺铁或光照不足引起的黄化，而不形成叶绿素则属于遗传性病害的白化。叶绿素形成不均匀，叶片上出现深绿或淡绿相互间杂的现象，称为花叶。

注意事项：观察海棠黄化病、苹果花叶病的标本时，注意叶片褪绿的不同情况。

(2) 坏死

坏死是细胞和组织死亡的现象，常见的坏死现象如下：

①溃疡：林木枝干上局部韧皮部坏死，形成凹陷病斑，病斑周围常为木栓化愈伤组织所包围，这种特殊的腐烂称为溃疡。

②疮痂：叶片或果实局限性坏死，病斑上有增生的木栓层，表面粗糙，或病斑枯死后，因生长不平衡，发生龟裂、木栓化，死组织可以脱落，形成疮痂。

③斑点：是叶片、果实和种子局部坏死的表现。斑点的颜色有黄色、灰色、白色、褐色、黑色等，形状有多角形、圆形、不规则形等。有的病斑周围形成木栓层后，中部组织枯焦脱落而形成穿孔。

注意事项：观察核桃溃疡病、杨树溃疡病等标本时，注意坏死部位的凹陷病斑。观察柑橘疮痂病标本时，注意病斑木栓化小突起、粗糙和龟裂特征。观察杨树黑斑病、柿角斑病、柿圆斑病、松落针病、毛樱桃穿孔病、桃穿孔病、榆叶梅穿孔病等标本时，注意不同颜色、形状的病斑及穿孔情况。

(3) 腐烂

林木的各种器官都可以发生腐烂。多汁组织或器官(如果实、块根等)发生的腐烂往往呈软腐或湿腐状；含水较少或木质化的组织发生的腐烂常呈干腐状。

注意事项：观察核桃干腐病、山楂干腐病、杨树腐烂病、苹果轮纹病(果实)等标本时，注意观察不同组织腐烂后表面干湿情况的差异。

(4) 畸形

畸形是由细胞或组织过度生长或发育不足引起的。常见的畸形现象如下：

①瘤肿：病部的细胞或组织因受到病原物的刺激而增生或增大，呈现瘤肿。

②丛生：林木的主(侧)枝、顶芽受抑制，节间缩短，腋芽提早发育或不定芽大量发

生，使枝梢密集呈扫帚状，通常称为丛枝病或扫帚病。病枝一般垂直方向向上生长，枝条瘦弱，叶片变小。有时林木的根也会发生丛生现象。

③变形：受病器官肿大、皱缩或变态，失去原来的形状。

注意事项：观察杨树根癌病、葡萄根癌病、楸树根结线虫病标本时，注意观察病部的增生或增大现象。观察枣疯病、泡桐丛枝病等标本时，注意观察枝梢丛生、节间缩短和叶片变化。观察桃缩叶病标本时，注意观察受害部位叶片皱缩、肿大情况。

(5) 枯萎

枯萎是指林木根部或干部维管组织受病原菌侵染，水分疏导受阻而导致的枯萎现象。典型的枯萎症状表现为枝叶萎垂，无病征，内部维管组织受到破坏。枯萎可以是全株性的，也可以是局部的。

注意事项：观察黄栌枯萎病、合欢枯萎病、桉树青枯病、松材线虫病等标本时，注意观察枝叶萎垂现象；用小刀切取新鲜病组织的茎基部，注意观察维管束部分有无变色。

(6) 流脂或流胶

林木细胞和组织分解为树脂或树胶流出，称为流脂或流胶。针叶树树液流出称为流脂，阔叶树树液流出称为流胶。

注意事项：观察桃流胶病、花椒流胶病标本时，注意观察受害部位流出的树胶。

2. 病征类型观察

细菌性病害通常在受伤的病部出现黏稠的液体——菌脓。但真菌在病部产生的病征较复杂，依其形态可分为多种类型，大致分为脓状物、霉状物、粉状物、锈状物、小黑点、伞状物和马蹄状物等。

(1) 脓状物

林木受害部位形成的白色或褐色胶黏状物或脓状物，干燥后呈膜状或颗粒状。

(2) 霉状物

林木受害部位形成的白色、褐色或黑色霉层。

(3) 粉状物

林木受害部位形成的黑色、白色粉状物。

(4) 锈状物

林木受害部位出现的铁锈色锈状物。

(5) 小黑点

林木受害部位形成的黑色小颗粒。

(6) 伞状物和马蹄状物

林木受害部位形成的大型子实体多为担子菌门菌物，如木耳、银耳、平菇、灵芝、草菇、松白腐病的子实体。

注意事项：观察桉树青枯病、合欢枯萎病、葡萄霜霉病、月季白粉病、紫薇煤污病、柳锈病、毛白杨锈病、黄栌白粉病、五角槭白粉病、松落针病、核桃枝枯病、立木腐朽等标本时，注意观察受害部位生长的脓状物、霉状物、粉状物、锈状物、小黑点、伞状物和马蹄状物等各种类型的病征特点。

【作业与思考】

1. 任选 6 种病害，填写表 1-1。

表 1-1 林木病害症状观察记录表

病害名称	寄主名称	发病部位	病状类型	病征特点

2. 简述病状和病征在林木病害诊断中的作用。
3. 简述病状、病征和症状三者的关系。
4. 在田间怎样区分侵染性病害和非侵染性病害？怎样区分病征和腐生微生物？

实验 2　林木病原菌物形态特征观察Ⅰ：营养体和繁殖体

菌物在营养生长阶段的结构为菌物的营养体。典型的营养体是多细胞结构的丝状体，称为菌丝，许多菌丝在一起形成的复杂结构称为菌丝体。在长期适应不同外界环境的过程中，不同菌物还会形成特异的形态和结构以更好地定殖、获取营养和繁殖，称为菌丝的变态结构。

数字图像

繁殖是菌物繁衍后代、延续种群的方式。营养体通过断裂、芽殖和产生孢子的分裂或分化方式形成新个体称为菌物的无性繁殖(asexual reproduction)，这种不经过性结合而产生的孢子叫作无性孢子，主要有游动孢子(zoospore)、孢囊孢子(sporangiospore)、芽孢子(thallospore)、分生孢子(conidium)、厚垣孢子(chlamydospore)等类型。有些菌物仅存在无性繁殖，有些菌物还可以通过亲和性的两个性细胞(配子)或两个性器官(配子囊)结合后，经质配、核配和减数分裂的方式进行有性生殖(sexual reproduction)，产生有性孢子，主要有卵孢子(oospore)、接合孢子(zygospore)、子囊孢子(ascospore)和担孢子(basidiospore)等类型。有性生殖通过不同个体间的染色体交换促进了菌物的遗传多样性，增强了菌物对环境胁迫的适应性。

【目的与要求】

1. 观察和了解菌物的营养体及其变态结构的形态特征。通过对各种类型无性孢子、有性孢子及其产生结构特征的观察，加深对菌物无性繁殖和有性生殖的理解。

2. 掌握临时玻片的制片技术。

【实验准备】

1. 实验材料

各种类型菌物的纯培养物或永久玻片等，具体如下：

(1)营养体

酿酒酵母(*Saccharomyces cerevisiae*)、匍枝根霉(*Rhizopus stolonifer*)、腐乳毛霉(*Mucor sufu*)、瓜果腐霉(*Pythium aphanidermatum*)、单轴霉属(*Plasmopara viticola*)、古巴假霜霉(*Pseudoperonospora cubensis*)、立枯丝核菌(*Rhizoctonia solani*)、尖镰孢菌(*Fusarium oxysporum*)、木材腐朽菌 (*Serpula lacrymans*)、齐整小核菌(*Sclerotium rolfsii*)、紫纹羽病菌(*Helicobasidium purpureum*)、桑实白盘菌 (*Ciboria shiraiana*)等。

(2)营养体的变态结构

葡萄霜霉(*Plasmopara viticola*)、匍枝根霉(*Rhizopus stolonifer*)。

(3) 繁殖体

致病疫霉（*Phytophthora infestans*）、匍枝根霉（*Rhizopus stolonifer*）、白粉菌（*Erysiphe adunca*）、犁头霉（*Absidia* spp.）、普通青霉（*Penicillium commune*）、杨树黑斑病病原菌（*Marssonina brunnea*）、核桃炭疽菌（*Colletotrichum gloeosporioides*）、尖镰孢菌（*Fusarium oxysporum*）、玉蜀黍节壶菌（*Physoderma maydis*）、根肿菌（*Plasmodiophora brassicae*）、柄锈菌属（*Puccinia* spp.）等的分生孢子、接合孢子、厚垣孢子、子座、菌核、子囊和子囊孢子、吸器等的永久装片。

2. 实验器具

普通光学显微镜、载玻片、盖玻片、镊子、解剖刀、挑针、吸水纸等。

【实验步骤】

1. 营养体形态特征观察

(1) 球形单细胞营养体

一些低等菌物的营养体为单胞，球形或近球形，如酵母菌和一些低等壶菌，如图 1-1 所示。在显微镜下观察酿酒酵母，注意其单细胞的菌体。

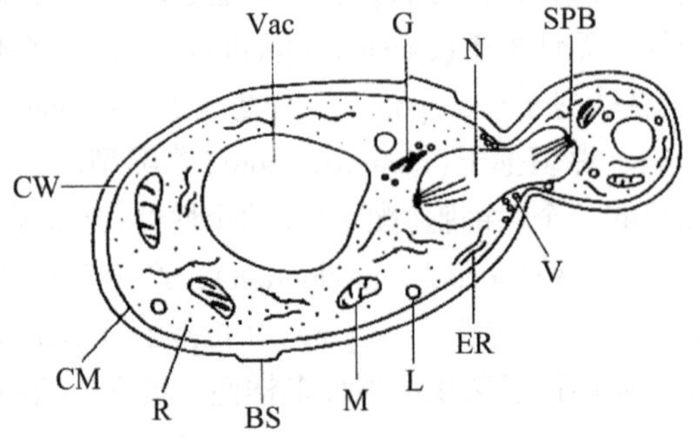

CW. 细胞壁；CM. 细胞膜；Vac. 液泡；BS. 芽痕；M. 线粒体；G. 高尔基体；L. 脂质体；ER. 内质网；V. 囊泡；SPB. 纺锤极体；N. 细胞核；R. 核糖体。

图 1-1 单细胞营养体形态结构

（邢来君等，2020）

(2) 无隔菌丝和有隔菌丝

根据隔膜的有无，菌丝可分为无隔菌丝和有隔菌丝。低等菌物的菌丝为丝状或长管状的单细胞菌体，没有隔膜或隔膜全封闭，细胞质在整个细胞内流动，可以不断地延伸和分枝，称为无隔菌丝。高等菌物的菌丝一般具有支撑和加固菌丝结构的隔膜，称为有隔菌丝。不同种类的菌物隔膜类型不同，如图 1-2 所示。

用挑针挑取培养皿内的匍枝根霉、瓜果腐霉、腐乳毛霉、单轴霉属、古巴假霜霉、立枯丝核菌、尖镰孢菌的菌丝体，用蒸馏水或乳酚油作浮载剂制作临时装片，或直接取无隔菌丝和有隔菌丝的永久装片标本，显微镜下观察菌丝隔膜、菌丝体直径以及颜色等特征。

(3) 菌丝体

菌丝体分为两种：菌丝排列松散，彼此独立，称为疏丝组织；菌丝组织紧密，相互不易区分，称为拟薄壁组织。根据组织方式的不同，菌丝体又分为菌核、菌索和子座等，如图 1-3 所示。

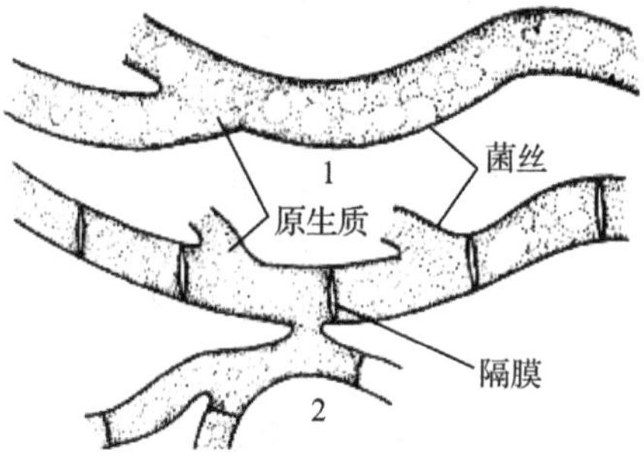

1. 无隔菌丝；2. 有隔菌丝。

（a）菌丝

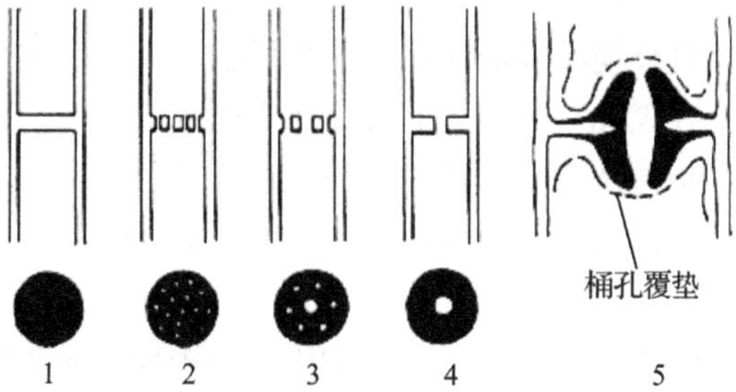

1. 全封闭型（如卵菌、接合菌）；2. 多孔型（如白地霉）；3. 多孔型（如镰孢菌）；4. 单孔型（如子囊菌）；5. 桶孔型（如担子菌）。

（b）有隔菌丝隔膜类型

图 1-2　营养体的形态结构

（邢来君等，2020）

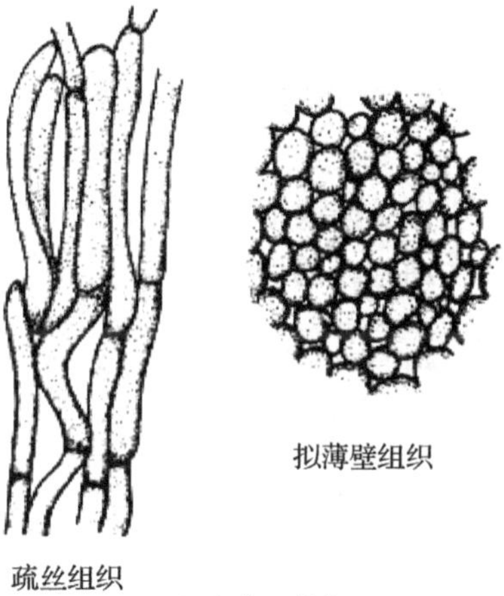

（a）菌丝结构

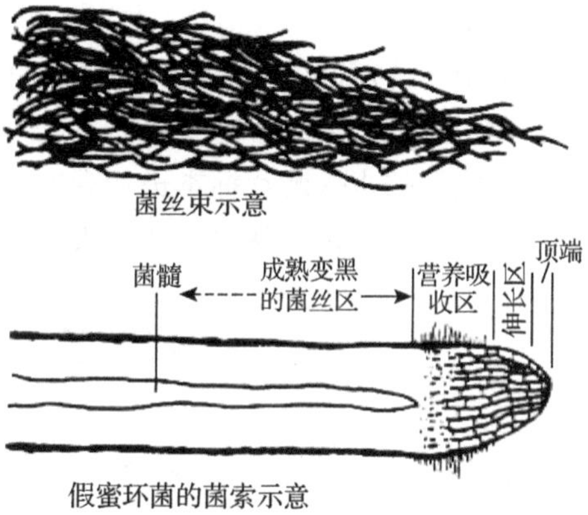

（b）菌丝束和菌索

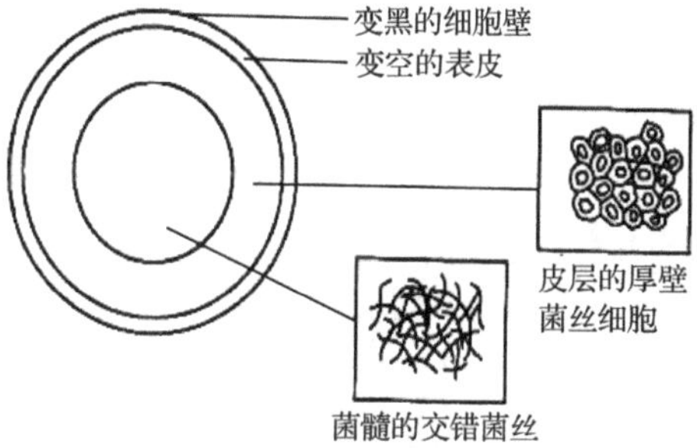

（c）菌核

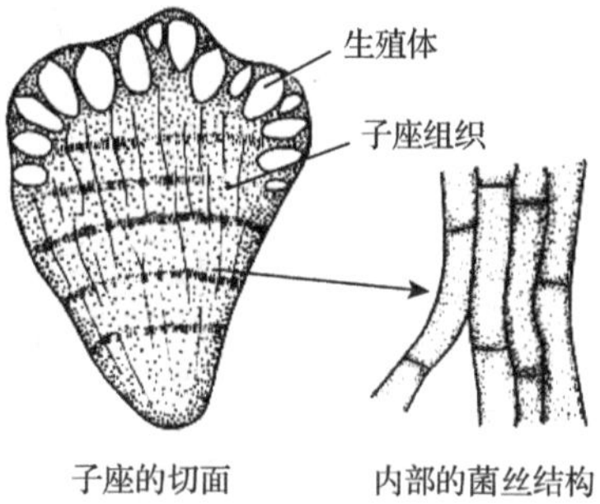

（d）子座

图 1-3　菌丝体的结构形态

（邢来君等，2020）

①菌核(sclerotium)：是指由拟薄壁组织和疏丝组织交织而成的一种具有贮藏养分和度过不良环境功能的休眠体。其形状、大小、颜色和菌丝组织的紧密程度种间差异很大。小的直径仅几毫米，大的可达几十厘米或更大。典型菌核多近圆形，其内部是疏丝组织，外层为拟薄壁组织，往往呈黑褐色或黑色。

②菌索(rhizomorph)：是指由菌丝组织形成的绳索状结构，形似植物的根，又称根状菌索。

③子座(stroma)：是指由疏丝组织或拟薄壁组织形成的，具一定形状(如垫状、头状或棍棒形等)的结构。

观察木材腐朽菌菌丝束，了解这两种菌丝体的特性。观察齐整小核菌的菌核切片和标本，以及桑实白盘菌的菌核标本。注意观察其大小、形状和颜色特点。在示范镜下观察苹果紫纹羽病菌的根状菌索，在显微镜下观察子座装片，注意其内部结构与菌核的区别。

2. 营养体变态结构特征观察

菌物在长期进化中产生很多具有特殊功能的菌丝形态，主要有：

(1)吸器

吸器是指在特定部位形成的，侵入寄主细胞内吸收营养的短小菌丝分枝，具有球状、掌状等多种形态(图1-4)。

直接取吸器的永久装片标本进行观察，也可用小镊子撕取葡萄霜霉病病叶的表皮制作临时装片，放在显微镜下观察，注意吸器的形状和在细胞内的位置。

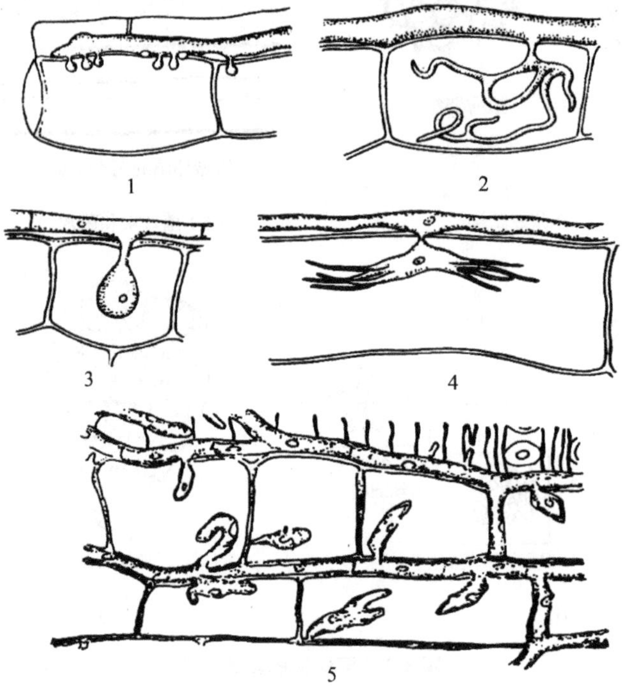

1. 白锈菌；2. 霜霉菌；3、4. 白粉菌；5. 锈菌。

图1-4　菌物的吸器类型

(陆家云，2001)

(2)假根

假根是指在菌丝体特定部位形成的一组具有分枝的根状菌丝，可以深入基质，吸收营养和固着菌体。连接两组假根的菌丝称为匍匐菌丝(图 1-5)。

制作匍枝根霉临时装片或直接取永久装片标本，观察匍枝根霉的假根、匍匐菌丝、孢囊梗、孢子囊、囊轴、囊托等结构特征。

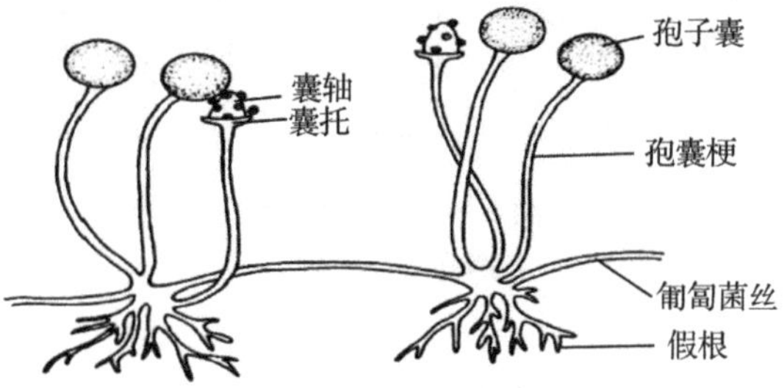

图 1-5　匍枝根霉

(邢来军等，2010)

(3)菌环和菌网

有些菌物的菌丝分枝特化形成环状或网状结构，依靠黏液或膨压捕捉土壤中的线虫等生物以吸收营养，称为菌环和菌网(图 1-6)。

观察教学图片，了解菌环、菌网的结构特征。

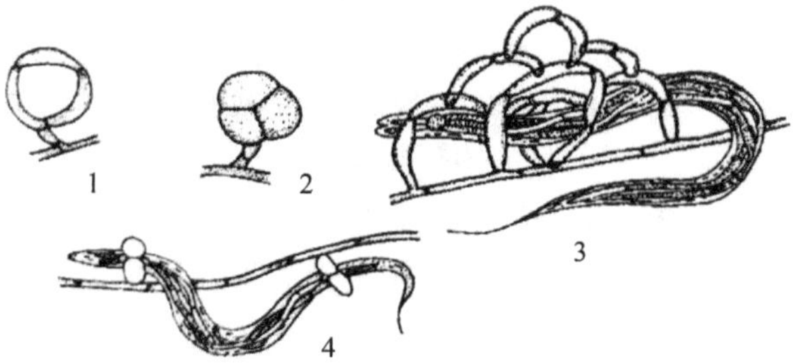

1. 菌环；2. 膨大的菌环；3. 线虫被固定在菌环上；4. 菌网及捕获的线虫。

图 1-6　菌物的菌环和菌网

(邢来军等，2010)

(4)附着孢和侵入钉

菌物孢子萌发形成的芽管或菌丝顶端的膨大，形成附着胞(appressorium)，通常分泌黏液帮助菌体附着在寄主表面，下方产生侵入钉穿透寄主角质层和细胞壁(图 1-7)。

观察链格孢菌侵入钉的永久装片，了解附着孢和侵入钉的结构特征。

3. 菌物繁殖体形态特征观察

(1)无性繁殖

无性繁殖指营养体不经过核配和减数分裂，通过断裂、裂殖、芽殖和原生质割裂产生新个体的生殖方式。无性繁殖产生的孢子称为无性孢子。无性繁殖的过程和产生的孢子类

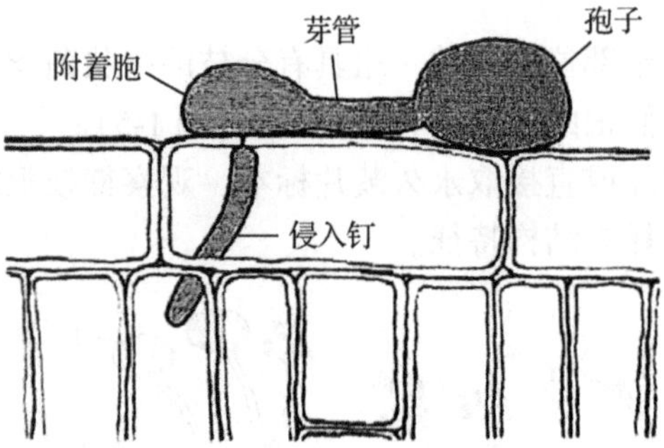

图 1-7 菌物附着孢

(谢联辉，2012)

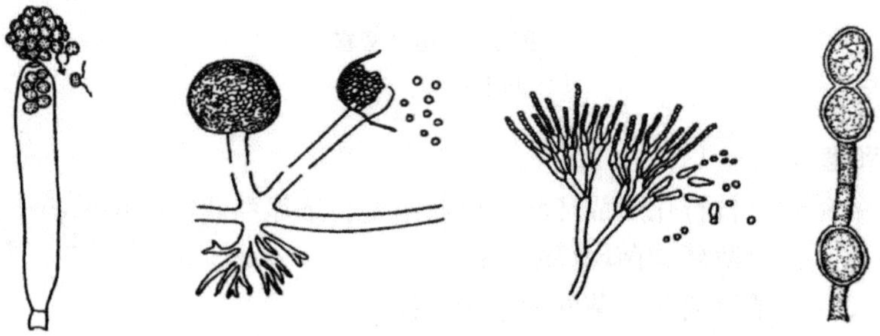

1. 游动孢子；2. 孢囊孢子；3. 分生孢子；4. 厚垣孢子。

图 1-8 菌物无性繁殖产生的孢子类型

(谢联辉，2012)

型是菌物分类的重要依据。无性孢子的主要类型如下(图 1-8)：

①游动孢子：形成于孢囊内，是原生质体割裂后形成原生质体小块并包以薄膜而成，无细胞壁，具鞭毛。

镜检疫霉菌培养物和葡萄霜霉新鲜材料，注意观察菌丝有无分隔、孢子囊的形态、游动孢子的形成及释放过程、游动孢子休止后的形态，注意观察孢囊梗与菌丝有无区别。

②孢囊孢子：形成于孢囊内，原生质体割裂后形成原生质体小块并包以薄膜而成，无细胞壁，无鞭毛，大多为球形、卵形、梨形、圆柱形或不规则形，无色至深褐色。

镜检葡枝根霉、犁头霉的孢子囊、孢囊孢子、孢囊梗、假根及匍匐菌丝。

③分生孢子：顶生、侧生或串生在菌丝分化形成的分生孢子梗上，单胞或多胞，形状和颜色各异，有球形、近球形、梭形、棍棒形、镰刀形等。

取青霉、杨树黑斑病病原菌培养物，制作临时装片，取核桃炭疽菌分生孢子和分生孢子盘永久装片，注意观察其分生孢子的颜色，有隔或无隔，隔膜的类型及其形态，分生孢子梗的形态，是否分枝及分枝的类型、颜色、着生位置等。若着生在分生孢子盘或分生孢子器内，注意观察分生孢子盘(器)的形态。

④厚垣孢子：由菌丝或孢子的个别细胞膨大而成，原生质浓缩，细胞壁加厚形成的一

种休眠孢子，单生或串生，有的具隔膜，光滑或有刺突，色深，球形或近球形。

挑取尖镰孢菌培养物制片，显微镜下观察厚垣孢子的形状、颜色和壁的厚度。

(2) 有性生殖

有性生殖指具可亲和性的 2 个性细胞(配子)或 2 个性器官(配子囊)结合后，经质配、核配和减数分裂后产生遗传物质重组的新个体的一种生殖方式。

产生的孢子称为有性孢子(图 1-9)，主要类型如下：

①合子(休眠孢子囊)：由 2 个游动配子结合而成，具厚壁，抗逆性强，萌发时释放 1 至多个单倍体的游动孢子。

显微镜下观察玉蜀黍节壶菌永久装片，观察休眠孢子囊及其萌发时的结构。

②卵孢子：藏卵器(大型配子囊)与雄器(小型配子囊)接触时，雄器产生受精丝将其细胞质和细胞核输入藏卵器，进而发育成卵孢子。

显微镜下观察葡萄霜霉病菌卵孢子永久装片，观察藏卵器的形态、色泽、壁光滑或有饰纹，雄器形态及其位置，卵孢子形态，每个藏卵器内卵孢子的数目、卵孢子是否充满藏卵器。

③接合孢子：2 个邻近的菌丝相遇时，各自向对方长出极短的侧枝(即原配子囊)，原配子囊接触后，顶端分别膨大形成横隔，隔成一个细胞，称为配子囊。两个配子囊之间的隔膜消失后，质与核相互配合形成双倍体的接合孢子。

显微镜下观察毛霉或犁头霉装片中接合孢子的形状、表面的饰纹和色泽、配囊柄的形状、有无丝状附属物。

④子囊孢子：雄器的细胞质和细胞核通过受精丝进入产囊体，产囊体上形成许多丝状分枝的产囊丝，产囊丝顶端细胞伸长并弯曲形成产囊丝钩，然后形成一个棒状的子囊母细胞。子囊母细胞发育成子囊，在子囊内常经过一次有丝分裂和减数分裂形成内生的单倍体子囊孢子。子囊的形状有球形、圆筒形等，子囊孢子的形状差异很大。取白粉菌、根肿菌等的永久装片，观察子囊和子囊孢子的形状。

⑤担孢子：多以菌丝结合的方式产生双核菌丝，在双核菌丝的 2 个核分裂之前可以产

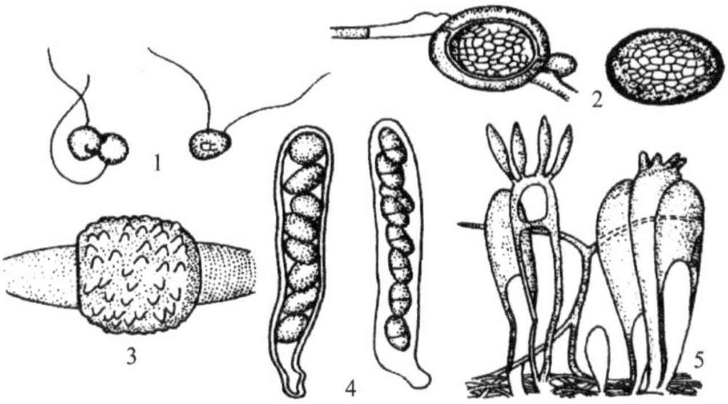

1. 合子；2. 卵孢子；3. 接合孢子；4. 子囊孢子；5. 担孢子。

图 1-9 菌物有性生殖产生的孢子类型

(方中达，1979)

生钩状分枝而形成锁状联合，利于双核并裂，双核菌丝的顶端细胞膨大为担子，担子内 2 个性细胞核配合后形成 1 个二倍体细胞核，经减数分裂后形成 4 个单倍体细胞核。同时在担子顶端长出 4 个小梗，小梗顶端膨大，最后 4 个核分别进入小梗的膨大部位，形成 4 个外生的单倍体的担孢子。担孢子多为圆形、椭圆形、肾形和腊肠形等。

显微镜下观察柄锈菌属菌物的担子永久装片，观察担孢子的着生部位、形态和大小。

【作业与思考】

1. 绘制有隔菌丝、无隔菌丝和营养体变态结构图。
2. 观察切片标本中无性孢子和有性孢子的典型特征，绘制各种无性孢子和有性孢子的形态图。
3. 简述菌物孢子多样性的生物学意义。
4. 菌物吸器的有无与寄生性的强弱是否有关？
5. 菌物菌丝有无隔膜能否反映一定的进化关系？
6. 哪些菌物会产生吸器，这类菌物引起的病害有什么症状特点？

实验 3 林木病原菌物形态特征观察Ⅱ：卵菌门和接合菌门

卵菌是重要的植物病原物之一，其中，腐霉目(Pythiales)和霜霉目(Peronosporales)为藻物界卵菌纲中重要的植物致病类群，可引起植物的霜霉病、根腐病、疫病、猝倒病、种子霉烂病及白锈病等。卵菌的习性由腐生到专性寄生、由水生向陆生变化，与之相应，在繁殖体形态上也表现不同的特征，如孢囊梗由菌丝状到显著分化，孢子囊由不脱落到脱落；传播媒介也相应地由水流传播过渡到气流传播；寄生部位由根茎交接的土壤表面到地上的茎叶部；所致病害的症状由腐烂、坏死到促进性病变等。

数字图像

卵菌的营养体为发达的无隔菌丝体。无性繁殖产生游动孢子囊和游动孢子，游动孢子具有双鞭毛。有的孢子囊能直接萌发形成芽管、发育成菌丝体。孢囊梗和孢子囊的形态是卵菌的重要分类依据。有性生殖产生的雌雄配子体高度分化，即藏卵器和雄器，经卵配生殖形成卵孢子。

与霜霉目及腐霉目不同，毛霉目(Mucorales)属于接合菌门中的常见目，这些菌物绝大多营腐生生活，只有少数为植物的弱寄生菌，如匍枝根霉多引起果实及贮藏器官的腐烂病。毛霉目菌物大多无隔多核，无性孢子囊产生不能游动的孢囊孢子，有性生殖大多数为异宗配合，产生接合孢子。

【目的与要求】

1. 了解卵菌门和接合菌门菌物的主要形态特征，掌握与植物病害相关的重要属的基本形态特征与分类依据。

2. 熟悉临时装片制作技术。

【实验准备】

1. 实验材料

卵菌门、接合菌门菌物所致林木病害标本、病原菌离体培养物或永久装片，具体如下：

(1)腐霉目

瓜果腐霉(*Pythium aphanidermatum*)、柑橘褐腐疫霉(*Phytophthora citrophthora*)；疫霉属(*Phytophthora*)菌物的孢子囊、孢囊梗和卵孢子的永久装片。

(2)霜霉目

葡萄霜霉病的标本(具霜霉层)及其病原物(*Plasmopara viticola*)的孢子囊和孢囊梗的永久装片；霜霉属(*Peronospora*)、假霜霉属(*Pseudoperonospora*)和盘梗霉属(*Bremia*)菌物的孢子囊和孢囊梗永久装片。

(3)毛霉目

匍枝根霉、果实腐烂病和花瓣腐烂病的标本(具霉层)；接合孢子和孢囊孢子的永久装片。

2. 实验器具

计算机及投影仪、普通光学显微镜、手持放大镜、解剖针、载玻片、盖玻片、尖头镊子、剪刀、吸水纸、刀片等。

【实验步骤】

1. 腐霉目病原物重要属形态特征观察

(1)腐霉属

孢子囊丝状、裂瓣状、球状或卵形，着生在菌丝的顶端，没有特化的孢囊梗，成熟后产生游动孢子。

用尖头镊子夹取少许瓜果腐霉的培养物，以水为浮载剂制作临时装片，显微镜下观察其菌丝是否形成隔膜，以及孢子囊、孢囊梗和泡囊的形状[图1-10(a)]。

(2)疫霉属

疫霉属的孢囊梗与菌丝有明显的分化，孢囊梗分枝基部呈节状膨大，并具有连续生长的特点，使多个分枝排列在一条轴线上，故呈假单轴分枝。孢子囊柠檬状、球形或梨形，具有乳状突起。

用尖头镊子夹取少许柑橘褐腐疫霉的培养物，以水为浮载剂制作临时装片，显微镜下观察其孢子囊和孢囊梗的形态。也可直接取该属菌物的永久装片，观察其孢子囊、孢囊梗和卵孢子的形态[图1-10(b)]。

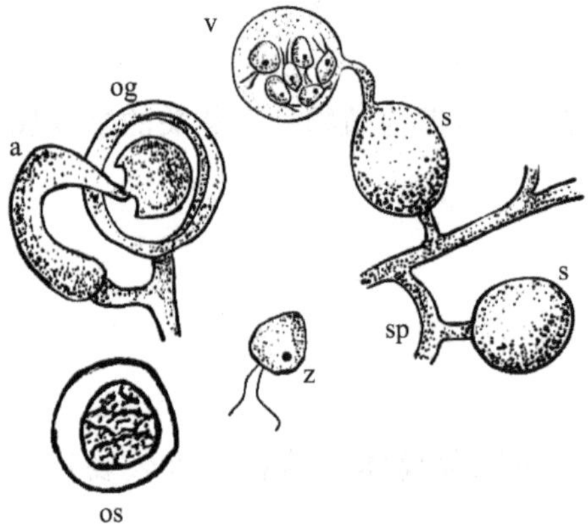

(a)腐霉属

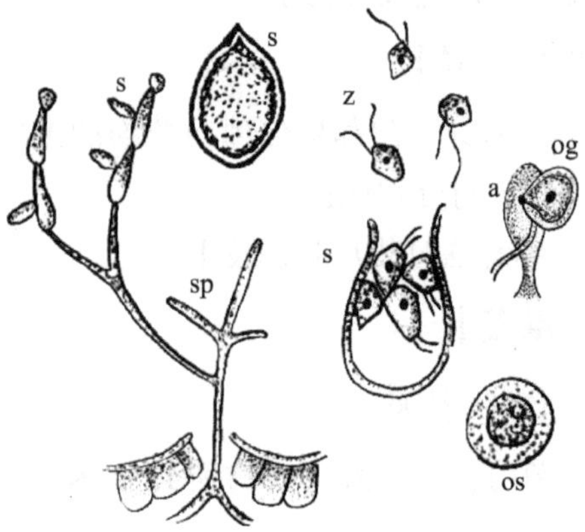

(b)疫霉属

a. 雄器；og. 藏卵器；os. 卵孢子；s. 孢子囊；sp. 孢囊梗；v. 泡囊；z. 游动孢子。

图1-10 腐霉目重要病原物属的形态

(Agrios，2005；许志刚，2009)

2. 霜霉目病原物重要属形态特征观察

(1)单轴霉属

孢囊梗单轴分枝，分枝与主轴成直角或近直角，分枝顶端有2~3个短而钝的小梗，孢子囊着生在小梗上，孢子囊无色，卵形至椭圆形，顶端有突起。

取葡萄霜霉病标本，用刀片轻轻刮下发病部位上的霜霉层，以水为浮载剂制作临时装片，显微镜下观察孢囊梗和孢子囊的形态。也可直接取该属菌物的永久装片，观察其孢子囊和孢囊梗的形态[图1-11(a)]。

(2)霜霉属

霜霉属的孢囊梗主轴粗壮，顶部有多次左右排列的二叉状分枝，分枝末端顶端尖锐，孢子囊近卵形，成熟时易脱落，萌发时直接形成芽管，偶尔释放游动孢子。

取永久装片标本直接在显微镜下观察该属的孢囊梗和孢子囊形态特征，注意孢囊梗分枝特点及分枝末端的特征[图1-11(b)]。

(3)假霜霉属

假霜霉属的孢囊梗主干单轴分枝，然后做2~3回不完全对称的二叉状锐角分枝，末端尖细。

取永久装片，显微镜下观察该属菌物的孢囊梗和孢子囊形态，注意观察孢囊梗分枝特点及分枝末端的形态[图1-11(c)]。

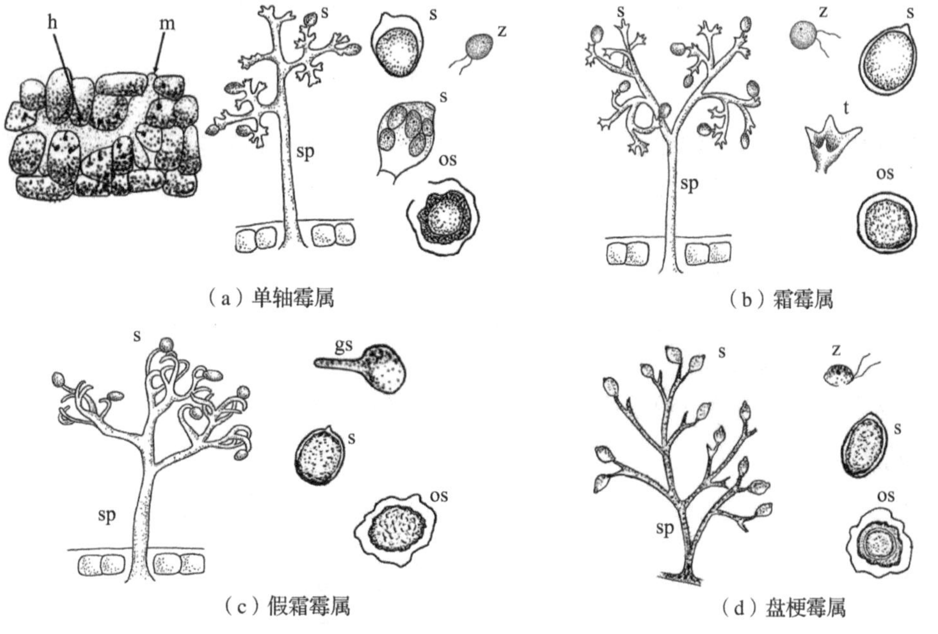

gs. 萌发的孢子囊；h. 吸器；m. 菌丝体；os. 卵孢子；s. 孢子囊；

sp. 孢囊梗；t. 孢囊梗分叉末端；z. 游动孢子。

图1-11　霜霉目重要病原物属的形态

(Agrios，2005；许志刚，2009)

(4) 盘梗霉属

盘梗霉属的孢囊梗二叉状锐角分枝，末端膨大呈盘状。

取永久装片，显微镜下观察该属菌物的孢囊梗和孢子囊形态，注意观察孢囊梗分枝特点及分枝末端的特征[图 1-11(d)]。

3. 毛霉目病原物重要属形态特征观察

(1) 根霉属

根霉属为毛霉目的重要病原物，该属菌物菌体发达，有匍匐状菌丝，并以假根附着于基物上；孢囊梗不分枝，直或顶部弯曲，从生于匍匐枝上，与假根成反方向(图 1-12)。

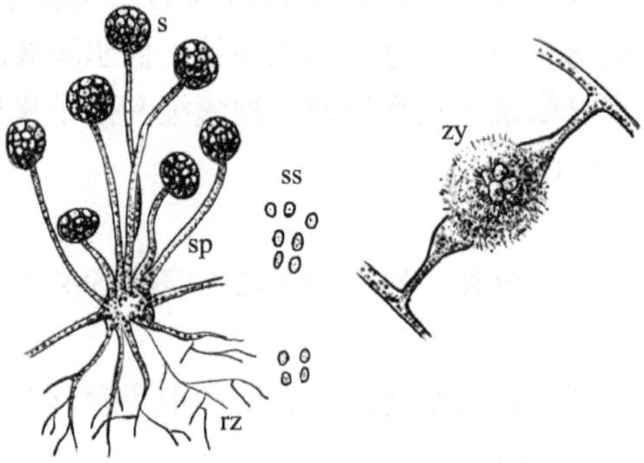

s. 孢子囊；sp. 孢囊梗；ss. 孢囊孢子；zy. 接合子；rz. 假根。

图 1-12　根霉属的形态

(Agrios，2005)

用尖头镊子夹取少许匍枝根霉培养物，以水为浮载剂制作临时装片，显微镜下观察其孢子囊、孢囊梗、假根及匍匐丝的形态。

(2) 果实腐烂病和花瓣腐烂病

观察果实腐烂病和花瓣腐烂病的标本的病害症状特点，然后用镊子夹取病组织部位的霉层，以水为浮载剂制作临时装片，显微镜下观察孢子囊和孢囊梗的形态特征。

(3) 接合孢子和孢囊孢子

取永久装片，显微镜下观察接合孢子和孢囊孢子的形态。

【作业与思考】

1. 结合腐霉目、霜霉目和毛霉目各重要属病原菌的形态及所致植物病害症状特点，填写表 1-2。

表 1-2　卵菌和接合菌重要病原菌形态特征及所致病害特点

病原菌属名	孢囊梗	孢子囊	寄生性	病害类型	危害部位
腐霉属					
疫霉属					
单轴霉属					
根霉属					

2. 根据显微镜观察，绘制本实验涉及的卵菌和接合菌重要病原物属的形态鉴别特征图，并标注。

3. 根据孢子囊、孢囊梗和藏卵器特征以及寄生习性，编制腐霉目和霜霉目病原物重要属的检索表。

4. 谈谈卵菌与真菌的异同。

实验4　林木病原菌物形态特征观察Ⅲ：子囊菌门

数字图像

子囊菌门(Ascomycota)是菌物中最大的类群，它们的共同特征是有性生殖形成子囊和子囊孢子。但它们在形态、生活史和生活习性上有很大的差别。与林木病害有关的主要纲为外囊菌纲(Taphrinomycetes)、粪壳菌纲(Sordariomycetes)、座囊菌纲(Dothideomycetes)和锤舌菌纲(Leotiomycetes)。子囊菌的无性繁殖产生分生孢子。许多子囊菌的无性繁殖能力很强，在自然界常见的是它们的无性阶段。子囊菌分纲的主要依据是有性阶段的特征，即是否形成子囊果、子囊果的形态特征、子囊果着生位置、子囊孢子的特征等。子囊菌所致的病害很多，其中许多是重要的林木病害。

【目的与要求】

1. 认识子囊菌门各纲的主要区分依据及其重要病原菌的形态特征。
2. 掌握子囊菌各重要植物病原物属的特点及其所致病害的症状。
3. 熟悉临时装片制作技术和徒手切片制作技术。

【实验准备】

1. 实验材料

子囊菌门菌物所致林木病害标本、纯培养物及永久装片，具体如下：

(1)外囊菌纲

桃缩叶病菌(*Taphrina deformans*)。

(2)粪壳菌纲

煤污病菌(*Meliola* spp.)、花椒干腐病菌(*Gibberella pilicaris*)、苹果炭疽病菌(*Glomerella ciningulaia*)、竹叶黑痣病菌(*Phyllachora orbicula*)、板栗疫病菌(*Cryphonectria parasitica*)。

(3)座囊菌纲

杨树灰斑病菌(*Mycosphaerella mandshurica*)、梨黑星病菌(*Venturia pyrina*)、杨树溃疡病菌(*Botryosphaeria dothidea*)、槐树枝枯病菌(*Botryosphaeria dothidea*)。

(4)锤舌菌纲

芍药白粉病菌(*Erysiphe paeoniae*)、蔷薇白粉病菌(*Podosphaera pannosa*)、刺槐白粉病菌(*Erysiphesubtrichotoma*)、桃树白粉病菌(*Podosphaera tridatyla*)、黄栌白粉病菌(*Erysiphe verniciferae*)、桑白粉病菌(*Erysiphe mori*)、槭树漆斑病菌(*Rhytisma acerinum*)、油松落针病菌(*Lophodermium conigenum*)。

2. 实验器具

计算机及投影仪、普通光学显微镜、手持放大镜、载玻片、盖玻片、通草、刀片、挑针、镊子、剪刀、吸水纸等。

【实验步骤】

1. 外囊菌纲菌物形态特征观察

外囊菌纲菌物不形成子囊果，子囊外面没有包被，营养体单胞或为不发达的菌丝体。有性生殖比较简单，不形成特殊分化的配子囊，子囊也不是由产囊丝形成的，而是由菌丝细胞直接形成。与植物病害关系密切的外囊菌目(Taphrinales)只有1科1属，即外囊菌科外囊菌属(*Taphrina*)(图1-13)，都是蕨类或高等植物的寄生菌，可引起叶片、枝梢和果实的畸形。

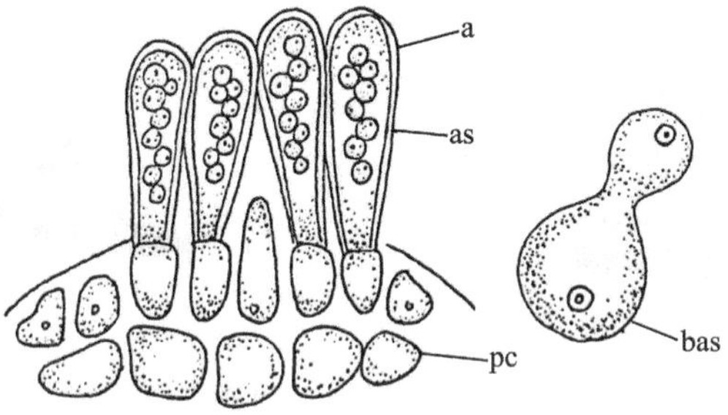

a. 子囊；as. 子囊孢子；bas. 萌发的子囊孢子；pc. 植物细胞。

图1-13　外囊菌属的形态

(Agrios, 2005)

观察桃缩叶病病害标本，注意受害叶片症状特征，叶片正、背面有无白色粉蜡层。取具有明显病征的小块发病叶片组织，以通草作为固定媒介，制作徒手切片，然后在显微镜下观察病菌的子囊和子囊孢子的形态；也可用显微镜观察桃缩叶病菌示范切片，观察子实层、子囊和子囊孢子的形态。

2. 粪壳菌纲菌物形态特征观察

粪壳菌纲为子囊菌中最大的一个纲，营养体为发达的有隔菌丝体，大多在基质或寄主体内扩展，少数外生，有的纠集形成子座和菌核。典型的子囊果是具固定孔口的子囊壳，子囊壳球形、半球形或瓶状，有的具有一长或短的颈，孔口为乳头状或长圆柱状，有缘丝。子囊壳单生或聚生，着生在基质的表面或部分或整个埋生子座内。子囊圆形、棍棒形或纺锤形，子囊壁单层。子囊之间有或无侧丝，子囊孢子椭圆形、腊肠形或柠檬形，单胞或多胞，有色或无色。无性阶段发达，产生大量的分生孢子。本纲分15目，与植物病害有关的目主要有：间座壳目（Diaporthales)、肉座菌目（Hypocreales)、黑痣菌目(Phyllachorales)、小煤炱目（Meliolales)、小囊菌目（Microascales)、蛇口菌目（Ophiostomatales）和炭角菌目(Xylariales）等。

(1)间座壳目

子囊果为子囊壳，常在子座或假子座内聚生，具长颈。子囊常为厚壁但不具裂缝，具一明显的"J"形顶环，具折光性。子囊孢子单胞至多胞，椭圆形、纺锤形或长圆筒形，多无色，偶有色。无性型种类多，为腔孢菌。腐生或寄生。主要存在于树皮和木头上。该目包括 10 科 144 属。与植物病害有关的科有：隐丛赤壳科(Cryphonectriaceae)、间座壳科(Diaporthaceae)、日规壳科 (Gnomoniaceae)、黑盘壳科(Melanconidaceae)、假黑腐皮壳科(Pseudovalsaceae) 等。子囊壳的形状、颜色、孔口和着生方式，以及不孕丝状体的差异往往是间座壳目菌物的重要区分依据。

①隐丛赤壳属(*Cryphonectria*)：子囊壳聚生在子座内，由斜生的长颈穿过子座达寄主体外。子囊孢子双胞，椭圆形至梭形(图 1-14)。常见种：寄生隐丛赤壳(*C. parasitica*)，引起的板栗疫病是世界著名的病害之一。该病菌可危害栗树枝干，引起皮层溃疡、坏死，造成枝条或全株枯死。取病征明显的板栗疫病的树皮，切取一小块带有明显子座或黑色刺毛状物的树皮病组织，以通草为固定媒介，制作徒手切片，显微镜下观察隐丛赤壳属菌物子囊壳、子囊和子囊孢子的形态。

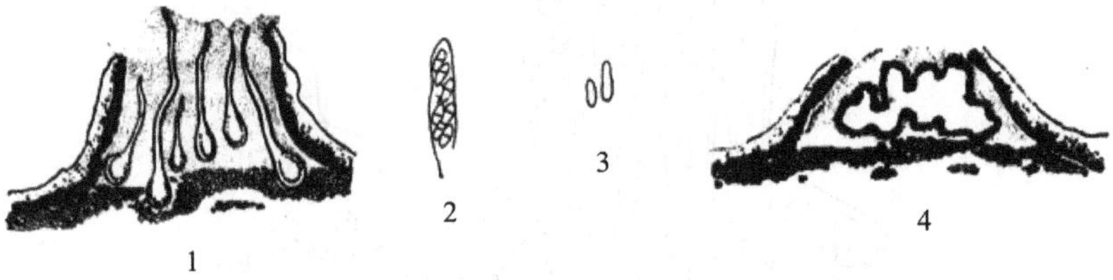

1. 子囊壳；2. 子囊和子囊孢子；3. 分生孢子；4. 分生孢子器。

图 1-14　寄生隐丛赤壳的形态

(杨旺，1996)

(2) 肉座菌目

子座淡色至鲜色，肉质；子囊壳肉质，鲜色；全部或部分埋生于基物或子座内；子囊卵形至圆筒形，顶端加厚并具一顶生孔；子囊孢子椭圆形至针形，单胞至多胞，无色至暗色。多腐生，有一些为重要的植物寄生菌。典型的林木病原物为赤霉属(*Gibberella*)和小丛壳属(*Glomerella*)菌物。

①赤霉属：该属菌物常寄生在禾本科植物的茎、花器或种子上，引起赤霉病或干腐病。赤霉属菌物子囊壳表生，多聚集着生于垫状子座上，壳壁呈蓝色或紫色；子囊孢子 2~3 个隔膜，无色或淡色，梭形[图 1-15(a)]。

取花椒干腐病老病斑，用手持放大镜观察病皮表面着生的蓝紫色颗粒——子囊壳，再用刀片取小块病皮制作徒手切片或直接刮下子囊壳；也可取该属菌物的永久装片，显微镜下观察子囊壳、子囊和子囊孢子的形态。

②小丛壳属：小丛壳属真菌能引起多种林木的炭疽病，发病部位产生圆形或不规则形病斑，表面凹陷，中央突起，严重时叶片枯死，果实腐烂。子囊壳丛生于子座内，孔口突起，成熟时外露，没有侧丝，子囊孢子单胞、无色[图 1-15(b)]。取苹果炭疽病菌的永久玻片，在显微镜下观察其子囊壳、子囊和子囊孢子的形态。

(3) 黑痣菌目

子座无或埋生在寄主组织中，常为盾状，黑色。子囊壳壁及孔口具缘丝。囊间组织由侧丝构成，有时易溶解。子囊近柱形，薄壁，不具裂缝，持久，常具不明显的顶环。子囊孢子大多无色、无隔、偶尔具纹饰。常形成附着胞和侵入结构。寄生或腐生。分布广泛，尤其在热带。该目包括2科，分别为黑痣菌科(Phyllachoraceae)和暗色盾菌科(Phaeochoraceae)，共63属。典型的林木病原物为黑痣菌属(*Phyllachora*)菌物。

黑痣菌属：该属菌物引起多种林木的黑痣病。发病部位可观察到黑色的垫状突起，呈黑痣状，为假子座。子囊壳近球形或扁平形，群生在子座内，子囊孢子单胞，无色[图1-15(c)]。

取竹叶黑痣病病叶，制作徒手切片，显微镜下观察子囊壳、子囊和子囊孢子的形态。

(4)小煤炱目

菌丝暗色或黑色，表生，以附着枝附着在寄主表面；闭囊壳表生，周围有刚毛或附属丝，以吸器伸入寄主表皮细胞内吸取养分，该目仅有小煤炱科1科，共22属。该目成员是种子林木的专性外寄生菌，其典型病原物主要属于小煤炱属(*Meliola*)。该属菌物子囊束生在黑色闭囊壳基部，子囊孢子椭圆形，暗褐色，3~4个隔膜[图1-15(d)]。当其危害林木时，初期常在叶片表面形成黑色圆形霉点，后扩展成不规则形或连接成片，覆盖在叶的上表面，故由该目菌物引起的林木病害常称为煤污病或烟煤病，危害紫薇、牡丹、石楠、柑橘、山茶、桂花、竹子等多种林木，严重影响其经济和观赏价值。此外，煤污病还常伴有蚜虫、介壳虫和粉虱及其分泌的黏液。

仔细观察供试林木煤污病标本的病状和病征，记录林木煤污病的症状特点。

选取供试林木煤污病标本具有明显病征的发病部位，用镊子夹取病组织表面的少许黑色霉层，转移至载玻片，以水为浮载剂制作临时装片，显微镜下观察菌丝、闭囊壳、附属丝、子囊及子囊孢子的形态，边观察边绘制形态图。

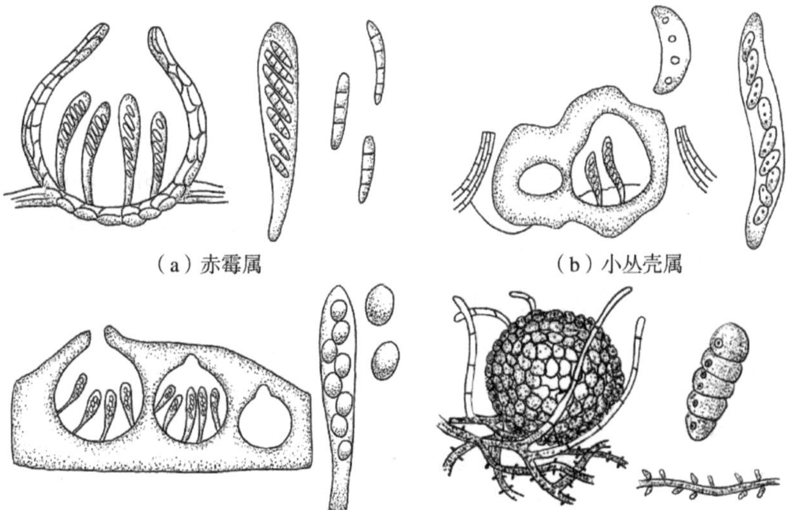

(a) 赤霉属　(b) 小丛壳属

(c) 黑痣菌属　(d) 小煤炱属

图1-15　粪壳菌纲重要病原物属的形态

(Agrios，2005；许志刚，2009)

3. 座囊菌纲菌物形态特征观察

子囊果为子囊座(ascostroma)或假囊壳，子囊多位于子囊腔（locules)中，故称腔菌。子囊卵圆形或圆柱状，单个或多个成束或成排着生在子囊腔内，通常具双层壁。子囊孢子通常有隔，双胞或多胞。有些子囊孢子除具有横隔外还有纵隔，称为砖隔胞。座囊菌纲分为 11 目 90 科 1 302 属。与植物病害关系较大的是葡萄座腔菌目(Botryosphaeriales)、煤炱目(Capnodiales)、多腔菌目(Myriangiales)和格孢腔菌目(Pleosporales)等。重要的林木病原物属有球腔菌属(*Mycosphaerella*)、黑星菌属(*Venturia*)和葡萄座腔球菌属(*Botryosphaeria*)等(图 1-16)。

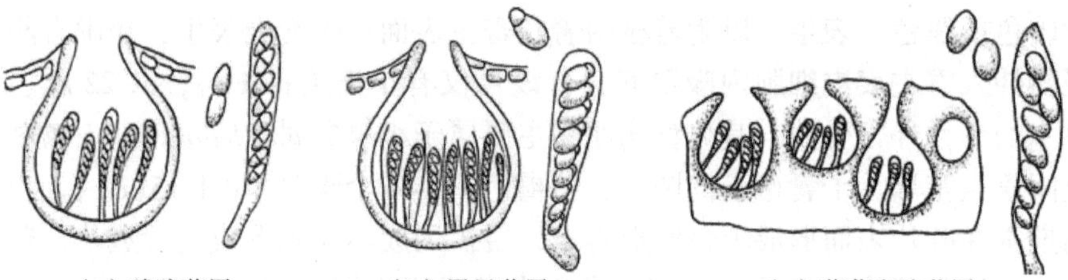

(a) 球腔菌属　　(b) 黑星菌属　　(c) 葡萄座腔菌属

图 1-16　座囊菌纲重要病原物属的形态

(Agrios，2005)

(1) 球腔菌属

球腔菌属菌物的无性阶段发达，可为假尾孢属(*Pseudocercospora*)、穴褥盘孢属(*Dothistroma*)、隔孢皿属(*Lecanosticta*)、壳针孢属(*Septoria*)等，可引起各种林木的叶斑病，常以有性阶段腐生或弱寄生进行越冬。该属菌物假子囊壳散生在寄主叶片表皮下，后期常突破表皮外露，球形或瓶状，子囊圆筒形或棍棒形，子囊孢子无色、双胞、大小相等[图 1-16(a)]。

取杨树灰斑病病叶组织，制作徒手切片或直接取永久装片，显微镜下观察假子囊壳、子囊和子囊孢子的形态。

(2) 黑星菌属

黑星菌属常以无性阶段[黑星孢属(*Fusicladium*)或环黑星孢属(*Spilocaea*)]营寄生生活，引起叶片、果实及嫩枝的黑星病。该属菌物的假子囊壳大多在发病林木残余组织的表皮下形成，黑色，近球形，上部有黑色多隔的刚毛；子囊圆筒形，平行排列于子囊腔内；子囊孢子椭圆形，双胞，不等大[图 1-16(b)]。

取梨黑星病病叶组织，制作徒手切片或直接取永久装片，显微镜下观察假子囊壳、子囊和子囊孢子的形态。

(3) 葡萄座腔菌属

该属菌物为兼性寄生菌，可引起林木枝干溃疡。该属子囊座发达，常埋生在寄主表皮下，后突破表皮外露，黑色、炭质，常含多个假子囊壳，罕单生；假子囊壳初期成丛埋生于子囊座内，后期突破子囊座外露；子囊间有假侧丝，子囊内壁顶端凹痕明显；子囊孢子单胞，无色，椭圆形[图 1-16(c)]。

取杨树溃疡病或槐树枝枯病发病枝干的小块树皮，务必选取具有明显黑色颗粒的病组织块，制作徒手切片，显微镜下观察该属的假子囊壳、子囊和子囊孢子的形态特征。

4. 锤舌菌纲菌物形态特征观察

子囊果多为子囊盘，呈杯状、盘状或垫状，罕为闭囊壳(如白粉菌)。典型的子囊盘呈盘状或杯状，由子实层、囊基层、囊盘被和菌柄组成。子实层由子囊和侧丝相间排列而成。有的子囊盘无柄，结构简单。大多数盘菌缺乏无性阶段，少数可以产生分生孢子。寄生或腐生。该纲分 5 目 19 科 641 属 。其中，与林木病害有关的主要是白粉菌目(Erysiphales)、斑痣盘菌目（Rhytismatales）和柔膜菌目(Helotiales)等。

(1) 白粉菌目

该目菌物一般称为白粉菌，均为高等植物的专性寄生菌，可引起植物的白粉病。白粉病的典型症状为发病前期在发病组织表面产生白色粉层，即白粉菌的菌丝体、分生孢子和分生孢子梗，后期白色粉层上会产生的肉眼可见的小黑粒，即闭囊壳。闭囊壳是白粉菌进行有性生殖形成的子囊果，成熟的闭囊壳球形或近球形，四周或顶端有各种形状的附属丝(图 1-17)。闭囊壳内有一个或多个子囊，子囊呈卵形、椭圆形或圆筒形，内含 2~8 个椭圆形的子囊孢子。

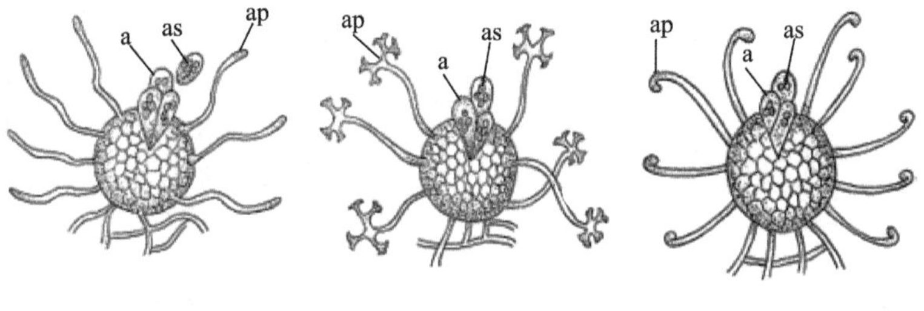

(a) 白粉菌属

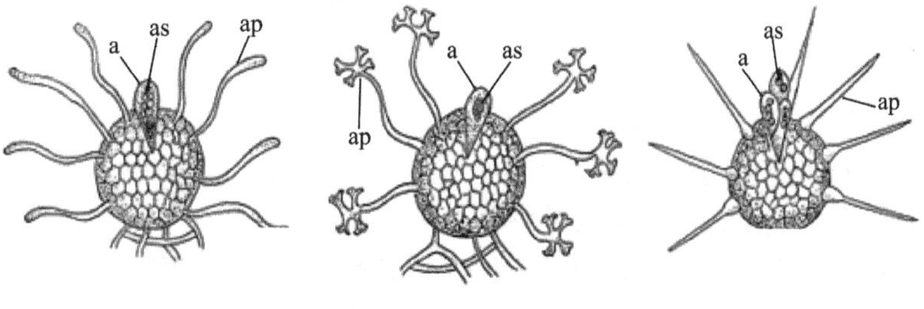

(b) 叉丝单囊壳属　　　　(c) 球针壳属

a. 子囊；as. 子囊孢子；ap. 附属丝。

图 1-17　3 种重要的白粉病病原菌闭囊壳的形态

（Agrios，2005；王科等，2022）

仔细观察供试林木白粉病标本的病状和病征，总结林木白粉病的症状特点。

选取供试植物白粉病标本具有明显病征的发病部位，用刀片在发病部位轻轻刮取小黑粒，并将其转移至载玻片，以水为浮载剂制作临时装片，显微镜下观察闭囊壳外周的附属丝形态，然后用镊子轻轻压盖玻片，使闭囊壳破裂，释放子囊，仔细观察闭囊壳内的子囊数目和形状。

(2)斑痣盘菌目

子囊盘形成于寄主组织内的子座中。子实层上有 1 个由子座组织组成或子座组织与寄主组织结合组成的盾形盖，子实层成熟后通过盖纵裂或星裂而外露。子囊棍棒形，顶端厚，无囊盖，有狭窄的孔道，内含 4~8 个子囊孢子，子囊孢子卵圆形至线形，单胞或多胞，无色或有色。该目分 3 科 83 属。腐生或寄生。林木上常见的病原物为斑痣盘菌属(*Rhytisma*)和散斑壳属(*Lophodermium*)。

①斑痣盘菌属：该属菌物常引起阔叶植物的漆斑病。植物发病部位形成的漆斑较大，漆斑的顶部不规则开裂。黑色漆斑即假子座，内含多个子囊盘[图 1-18(a)]。

取槭树漆斑病病叶组织，制作徒手切片，显微镜下观察子囊盘、子囊和子囊孢子的形态。

②散斑壳属：该属菌物常引起针叶植物的落针病。发病针叶落地后，会在病叶上产生许多纵向排列的黑色椭圆形突起，即假子座，内含有 1 个子囊盘，子囊盘棍棒形，子囊孢子单胞，无色，线状；有侧丝[图 1-18(b)]。

取油松落针病病叶组织，制作徒手切片，显微镜下观察子囊盘、子囊、子囊孢子和侧丝的形态。

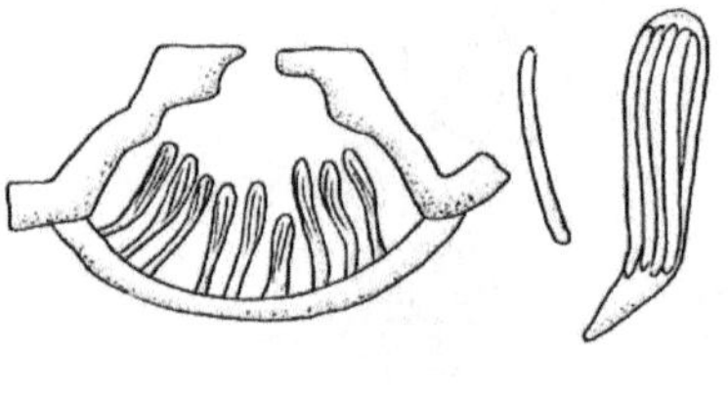

(a)斑痣盘菌属

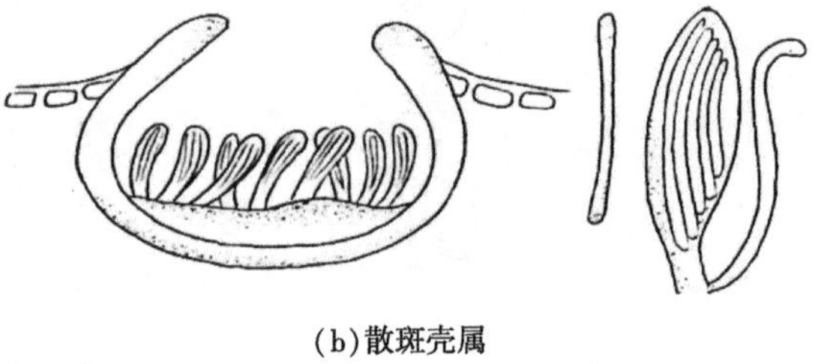

(b)散斑壳属

图 1-18　斑痣盘菌目重要病原物属的形态

(Agrios，2005)

【作业与思考】

1. 绘制本实验子囊菌门重要病原物属的形态鉴别特征图，并标注。
2. 谈谈林木白粉病的诊断依据及其病原菌鉴定的主要依据。
3. 试述白粉菌目和小煤炱目菌物在寄生性和形态特征上的异同。
4. 试述子囊菌的有性生殖过程及其在生活史中的意义。

实验5　林木病原菌物形态特征观察Ⅳ：担子菌门

数字图像

担子菌(Basidiomycota)是菌物中最高等的类群。该门菌物的共同特征是有性生殖产生担子和担孢子。担孢子多着生在担子上，每个担子上一般形成4个担孢子。高等担子菌的担子着生在具有高度组织分化的结构上，形成子实层，这种结构称为担子果。低等担子菌的担子裸生，无担子果。《菌物词典》第10版(2008)将担子菌门分为16纲52目177科1 589属，与植物病害有关的纲主要有柄锈菌纲(Pucciniomycetes)、黑粉菌纲(Ustilaginomycetes)、外担菌纲(Exobasidiomycetes)和伞菌纲(Agaricomycetes)等。

柄锈菌纲属于低等担子菌，不形成担子果，但是形成分散或成堆的冬孢子。冬孢子萌发产生担子，不形成子实层。柄锈菌纲种类繁多，主要包括植物寄生性的柄锈菌目(Pucciniales)、隔担菌目(Septobasidiales)、卷担菌目(Helicobasidiales)和泛胶耳目(Platygloeales)，以及常与介壳虫联系在一起的隔担菌目(Septobasidiales)，约8 000种。柄锈菌目菌物一般称为锈菌，为重要的植物病原菌，绝大多数种类是植物的专性寄生菌，引起的植物病害称为锈病，常造成农作物的严重损失，是重要的植物病原菌。锈菌的特点是担子从外生型冬孢子上产生，以横向隔膜分为4个细胞，每个细胞产生1个小梗和1个担孢子。典型锈菌生活史可依次产生5种类型的孢子，不同孢子阶段的锈菌分别用0、Ⅰ、Ⅱ、Ⅲ和Ⅳ表示。0阶段，形成性孢子器及性孢子；Ⅰ阶段，形成锈孢子器及锈孢子；Ⅱ阶段，形成夏孢子和夏孢子堆；Ⅲ阶段，形成冬孢子和冬孢子堆；Ⅳ阶段，形成担孢子。锈菌的分科依据是性孢子器解剖结构类型；分属的主要依据是冬孢子的形态，其次是夏孢子和锈孢子器。

黑粉菌纲菌物通常寄生于植物上引起多种症状并形成大量黑粉状孢子，一般称为黑粉菌。菌丝分隔较为简单，通常无桶孔隔膜或桶孔覆垫，在培养基上生长时呈酵母状。根据《菌物词典》第10版，该纲包括2目12科62属1 113种，多与植物病害关系密切。黑粉菌目(Ustilaginales)为该纲的重要病原菌，主要寄生在禾本科和莎草科等植物上，在发病部位形成黑色粉状的冬孢子堆，故所致病害称为黑粉病，对林木危害较小。

外担菌纲为高等植物上的寄生菌，以双核菌丝在寄主细胞间扩展，产生吸器深入细胞内吸取养分。该类群主要是无隔担子，含6目，包括不具有冬孢子的外担菌目(Exobasidiales)、微座菌目(Microstromatales)，以及具有冬孢子的实球黑粉菌目(Doassansiales)、叶黑粉菌目(Entylomatales)、丛枝黑粉菌目(Georgefischeriales)和腥黑粉菌目(Tilletiales)，与林木病害相关的为外担菌目的外担子菌属(*Exobasidium*)。

伞菌纲真菌的担子果一般为相当发达的大型担子果，裸果型或半裸果型，担子形成子实层。担孢子成熟后可以强力弹射。大多为腐生，许多种可引起木材腐朽，少数可以危害植物，有的是重要的林木病原菌，可危害林木的枝干、叶片和根部，其中与林木关系较密切的有伞菌目(Agaricales)、木耳目(Auriculariales)、牛肝菌目(Boletales)、多孔菌目(Polyporales)和刺革菌目(Hymenochaetales)等。

【目的与要求】

1. 掌握植物锈病的症状识别要点；认识锈菌的5种孢子类型及繁殖器官结构。
2. 掌握锈菌重要属的形态鉴别特征。
3. 了解高等担子菌的担子果类型及子实层体结构，掌握重要病原物属的基本特征。

【实验准备】

1. 实验材料

担子菌门菌物所致林木病害标本、离体培养物或永久装片，具体如下：

(1)柄锈菌纲

①柄锈菌目：山蚂蝗叶锈菌(*Uromyces capitatus*)、箭竹叶锈菌(*Puccinia phyllostachydis*)、圆柏—海棠锈菌(*Gymnosporangium yamadai*)、悬钩子锈菌(*Phragmidium* spp.)、落叶松—杨栅锈菌(*Melampsora larici-populina*)、枣锈菌(*Phakopsora zizyphi-vulgaris*)、锐齿栎锈菌(*Cronartium quercuum*)、花椒叶锈菌(*Coleosporium zanthoxyli*)。

②隔担菌目：柄隔担耳菌(*Septobasidium pedicellatum*)。

③卷担菌目：紫卷担菌(*Helicobasidium purpureum*)。

(2)外担菌纲

外担菌目：茶饼病菌(*Exobasidium vexans*)。

(3)伞菌纲

①伞菌目：蜜环菌(*Armillaria mellea*)、普通裂褶菌(*Schizophyllum commune*)。

②多孔菌目：灵芝属(*Ganoderma* sp.)、桦革裥菌(*Lenzites betulina*)。

③刺革菌目：松木层孔菌(*Phellinus pini*)、粗毛纤孔菌(*Inonotus hispidus*)。

2. 实验器具

计算机及投影仪、显微成像系统、普通光学显微镜、手持放大镜、刀片、载玻片、盖玻片、尖头镊子、通草、剪刀、滴瓶、蒸馏水、吸水纸等。

【实验步骤】

1. 锈菌各发育阶段孢子及产孢器官形态特征观察

(1)性孢子和锈孢子

长生活史类型的锈菌冬孢子萌发后产生担子和担孢子，担孢子经传播侵染寄主，在叶片正面产生性子器。性子器最初为橘黄色，向外分泌出蜜露，其中含有大量的性孢子(也称精子)。性子器受精后变为黑色，然后在正对性子器的叶片背面(少数同时在叶片正面)

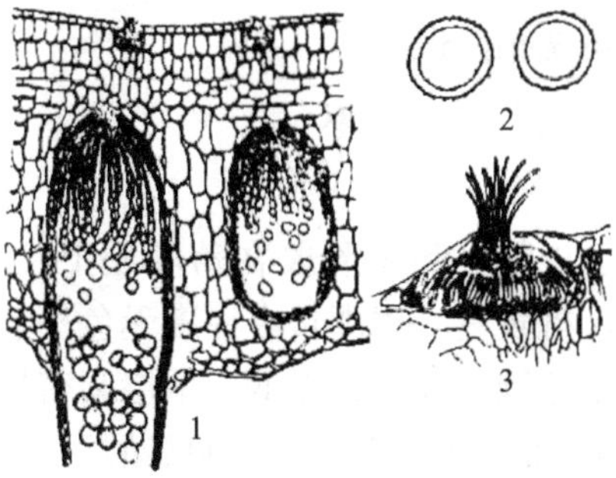

1. 锈孢子器；2. 锈孢子；3. 性孢子器。

图 1-19 海棠锈病

（陆家云，1997）

形成橘黄色的锈子器，并产生锈孢子(图 1-19)。

观察几种不同类型的锈孢子器标本，注意性孢子器与锈孢子器在发病组织着生位置的相关性。取新鲜的海棠锈病标本，切取性孢子器和锈孢子器明显的发病组织，制作徒手切片，或者直接取永久装片，显微镜下观察这两种孢子及孢子器形态。

(2)夏孢子

夏孢子是在锈孢子阶段后产生的，常在另一寄主(转主寄主)上形成。大量的夏孢子常聚集在一起形成夏孢子堆，一般初期被埋在寄主表皮下，后期破皮而出，近圆形、椭圆形或矩形，大量粉状夏孢子外露，橙黄色。夏孢子单胞，球形或椭圆形，橘黄色，多数夏孢子表面有疣刺(图 1-20)。

用蘸水后的刀片轻轻刮取杨树叶锈病的夏孢子堆，制作临时装片，或直接取永久装片，显微镜下观察夏孢子及侧丝的形态。

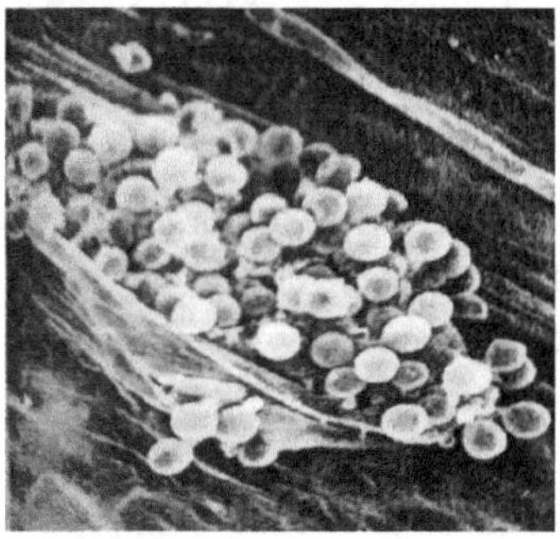

图 1-20 夏孢子和夏孢子堆

（康振生，1995）

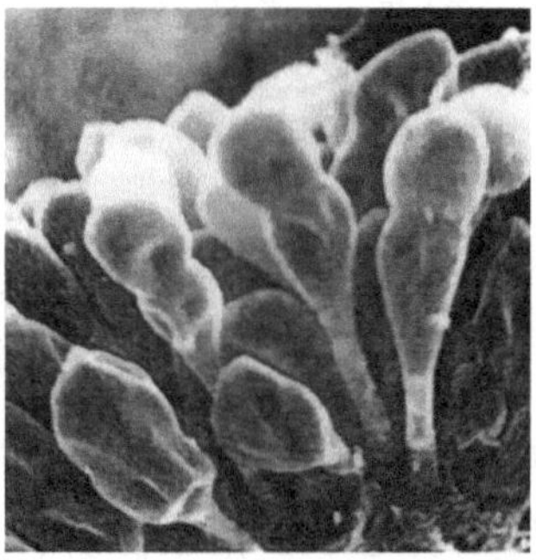

图 1-21 冬孢子和冬孢子堆

（康振生，1995）

(3)冬孢子、担子和担孢子

冬孢子萌发可以形成担子和担孢子。胶锈菌属冬孢子堆形成于寄主表皮下，可突破表皮，红褐色或咖啡色，呈垫状或角状，遇水膨胀胶化后呈橘黄色。冬孢子双胞，壁薄，具有长柄，柄遇水胶化(图 1-21)。

取圆柏锈病的冬孢子堆，放置于培养皿中，向冬孢子堆喷洒适量的无菌水然后在 25℃

保湿 24 h，挑取少许橘黄色的胶状物，制作临时装片，显微镜下观察冬孢子、担子和担孢子的形态，并使用显微成像系统拍照记录。

2. 锈菌重要病原物属形态特征观察

(1) 栅锈菌属

栅锈菌属多为转主寄生，0 阶段和 Ⅰ 阶段在落叶松上，Ⅱ 阶段和 Ⅲ 阶段在被子植物上，以杨柳科为主。夏孢子堆橘黄色，周围长有许多无色头状侧丝，夏孢子单胞，表生疣刺；冬孢子堆深褐色，冬孢子单胞，柱形，无柄，单层紧密排列成栅栏状(图 1-22-1)。

取杨锈病发病叶片，选取夏孢子堆和冬孢子堆明显的发病组织，以通草为固定媒介，制作徒手切片，显微镜下观察夏孢子堆、夏孢子、头状侧丝、冬孢子的形态及其排列特点。

(2) 层锈菌属

层锈菌属冬孢子堆生于叶背表皮下，不外露，扁平，深红褐色。冬孢子单胞，无柄，椭圆形，冬孢子常紧密排列成数层(图 1-22-2)。

取枣锈病发病叶片，选取密生冬孢子堆的发病部位，以通草为固定媒介，制作徒手切片，显微镜下观察冬孢子的形态。

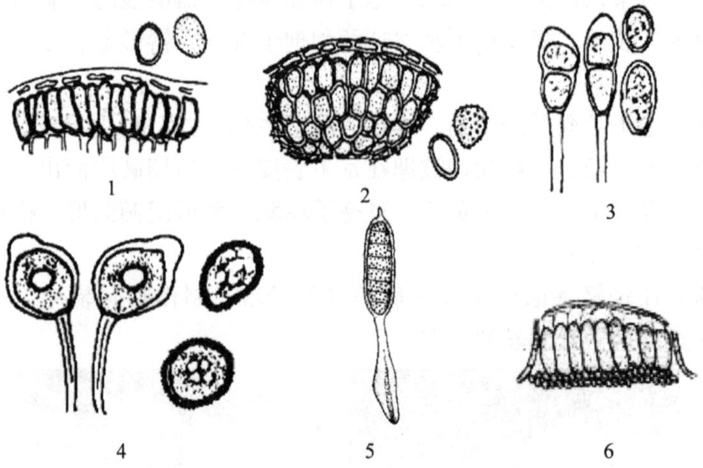

1. 栅锈菌属；2. 层锈菌属；3. 柄锈菌属；4. 单胞锈菌属；5. 多胞锈菌属；6. 鞘锈菌属。

图 1-22 柄锈菌目重要病原物属的形态

(刘大群等，2007)

(3) 柄锈菌属

柄锈菌属菌物多引起禾本科植物锈病。冬孢子堆产生在寄主表皮下，大多数突破表皮。冬孢子双胞，壁厚，有短柄(图 1-22-3)，遇水不胶化。注意与胶锈菌属进行区分。

取箭竹叶锈病发病叶片，用刀片轻轻刮取冬孢子堆，制作临时装片，显微镜下观察冬孢子的形态。

(4) 柱锈菌属

柱锈菌属全为转主寄生，0 阶段和 Ⅰ 阶段在松属植物上，锈子器呈疱状；Ⅱ 阶段和 Ⅲ 阶段在其他植物上。冬孢子单胞，无柄，柱状，褐色，冬孢子常缠绕在一起形成绳索状的冬孢子柱突破寄主表皮外露。

取松—栎锈病或茶藨子锈病的病叶，首先用手持放大镜观察冬孢子柱的形态，然后用尖头镊子夹取冬孢子柱，制作临时装片，显微镜下观察冬孢子柱和冬孢子的形态。

(5) 单胞锈菌属

单胞锈菌属菌物大多寄生于豆科植物，单主寄生或转主寄生。冬孢子堆深褐色，冬孢子单胞，近球形、卵形至椭圆形，有无色短柄，顶端有乳头状突起(图 1-22-4)。

取山蚂蝗锈病发病叶片，先用手持放大镜观察其冬孢子堆有无包被，然后用刀片轻轻刮取冬孢子堆，制作临时装片，显微镜下观察冬孢子的形态。

(6) 多胞锈菌属

多胞锈菌属全部单主寄生于蔷薇科植物上。冬孢子堆产生于叶背面，黑色，冬孢子多胞，深褐色，表面密生疣刺，具不脱落柄，柄上部黄褐色，下部无色、膨大(图 1-22-5)。

取悬钩子锈病发病叶片，用刀片轻轻刮取冬孢子堆，制作临时装片，显微镜下观察冬孢子的形态。

(7) 鞘锈菌属

鞘锈菌属多为转主寄生，0 阶段和 Ⅰ 阶段在松针上，锈子器破皮而出，呈显著的舌状包被；Ⅱ 阶段和 Ⅲ 阶段在双子叶植物上，以菊科居多。冬孢子堆蜡质，橘黄色；冬孢子单胞，无柄，柱状，常排列成单层或多层栅栏状，冬孢子层顶部有透明的胶质鞘(图 1-22-6)。注意与栅锈菌属区分。

取花椒锈病发病叶片，选取密生冬孢子堆的发病部位，以通草为固定媒介，制作徒手切片，显微镜下观察冬孢子的形态。

3. 隔担菌目重要病原物属形态特征观察

该目菌物大多为介壳虫的共生菌，担子果扁平，平滑，裸果型，不发达，蜡质至壳质；担子有横隔，小梗长形，担孢子无色。与林木病害比较相关的为隔担菌属(*Septobasidium*)，担子果平伏，蜡质至壳质，担子圆筒形，有 4 个细胞，担子果伏在树皮上，似膏药，故称膏药病(图 1-23)。

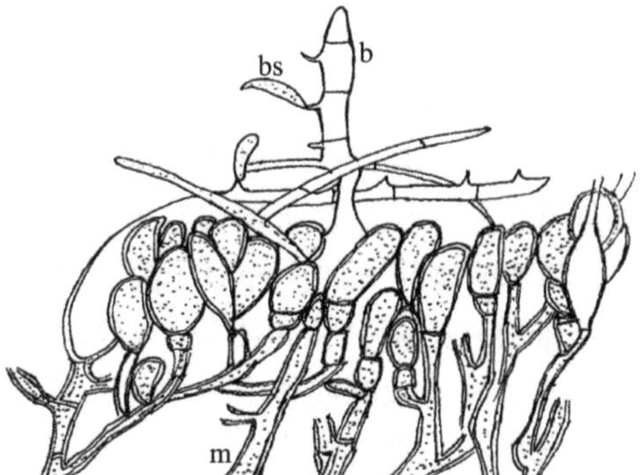

b. 担子；bs. 担孢子；m. 菌丝体。

图 1-23　隔担菌属的形态

(许志刚，2009)

首先观察由柄隔担耳菌(*Septobasidium pedicellatum*)引起的梨、桑或茶等膏药病的症状特征，以及其在病组织部位形成的担子果的形态和质地、子实层体的类型；然后取部分子实层制作徒手切片，显微镜下观察子实层的组织结构、担子及担孢子的形态。

4. 卷担菌目重要病原物属形态特征观察

卷担菌目中的重要林木病原物为卷担菌属(*Helicobasidium*)，担子果平伏，裸果型，松软而平滑；担子圆柱形，往往卷曲，有隔膜；小梗着生在担子一侧(图 1-24)。担孢子无色，卵形光滑。由该属的紫卷担菌(*H. purpureum*)引起的紫纹羽病可形成典型的根状菌索，还可见到紫红色的绒布状的菌丝膜。菌丝体还可以产生紫红色的细小菌核和粉状的子实层。

首先观察由紫卷担菌引起的桑、苹果或梨等紫纹羽病的症状特点，并观察其在病组织部位形成的菌索、菌膜和菌核的形状和颜色；然后取部分子实层制作徒手切片，显微镜下观察子实层的组织结构、担子及担孢子的形态。

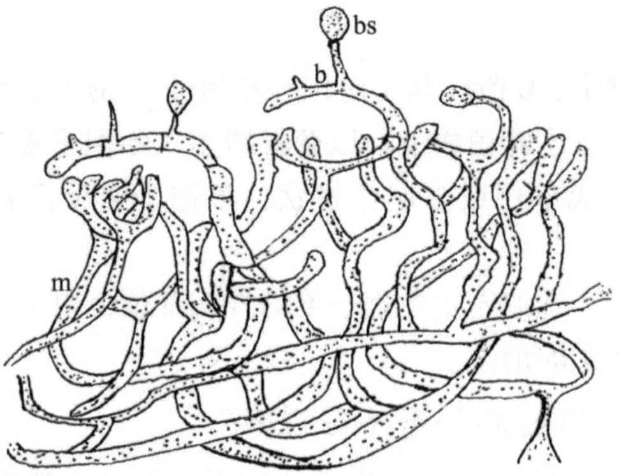

b. 担子；bs. 担孢子；m. 菌丝体。

图 1-24 卷担菌属的形态

(许志刚，2009)

5. 外担菌目重要病原物属形态特征观察

外担菌目菌物的菌丝生于寄主细胞间；担子单个或成丛自菌丝上生出，可突破寄主角质层，形成灰白色粉状子实层，不形成担子果。许多种可危害山茶科、石楠科和樟科等木本植物，主要危害嫩叶、幼果或嫩枝，引起被害部位肿大畸形，所致病害症状与外囊菌属相似。该目含 4 科 17 属，与林木病害相关的为外担子菌属(*Exobasidium*)。

林业上造成较大损害的是细丽外担菌引起的油茶茶苞病(叶肿病)，病菌可危害花芽、叶芽、嫩叶和幼果。受害部位常表现为数叶或整个嫩梢的叶片成丛发病，呈肥耳状，子房及幼果受侵后肿大成桃形，内部中空。杜鹃饼病在我国江南园林中也较常见。樟树粉实病菌可引起果实肿大，使果实内部变为褐色粉末。外担子菌属菌物不形成担子果，担子圆柱形(图 1-25)，无隔，单胞，成簇突破寄主表皮外露，在寄主表面形成白色子实层。

观察由坏损外担菌引起的茶饼病的症状特征，取具有明显病征的组织制作徒手切片，显微镜下观察子实层的组织结构、担子及担孢子的形态。

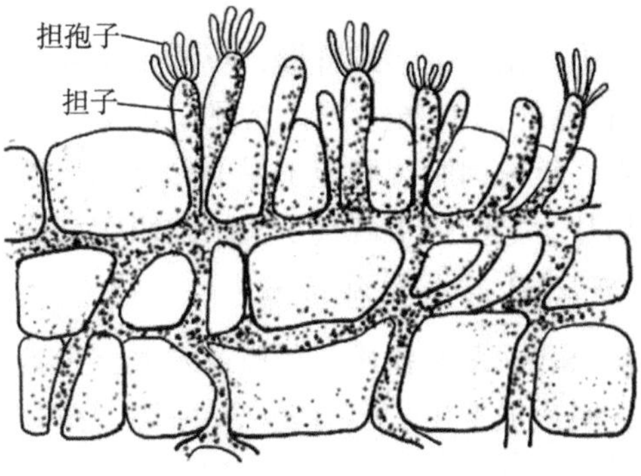

图 1-25　外担子菌属的形态

（许志刚，2009）

6. 伞菌目重要病原物属形态特征观察

伞菌目子实层体多为菌褶状，少数非菌褶状(如鸟巢、马勃等)。担子果多有柄，钟形、斗笠形、漏斗状；形态复杂多样(半被果式至被果式)，肉质至软革质。多数腐生，出现在林地腐殖土上或倒木上；少数寄生，引起活立木腐朽病。包括食用菌、毒伞或外生菌根菌。与林木病害比较相关的有蜜环菌属(*Armillaria*)和裂褶菌属(*Schizophyllum*)。

(1) 蜜环菌属

担子果呈典型伞状，肉质，菌盖浅黄褐色至棕褐色，柄中生，内部松软至空心，基部稍膨大，上部有菌环；子实层体菌褶状，菌褶与菌柄相连，白色或稍带肉粉色。寄生针叶树或阔叶树干基部或倒木，引起根朽和白色腐朽，并在基物表面形成黑色菌索[图 1-26(a)]。

取蜜环菌的担子果，首先肉眼观察担子果的形态和质地、子实层体的类型；然后取部分子实层体制作徒手切片，显微镜下观察子实层的组织结构、担子及担孢子的形态。

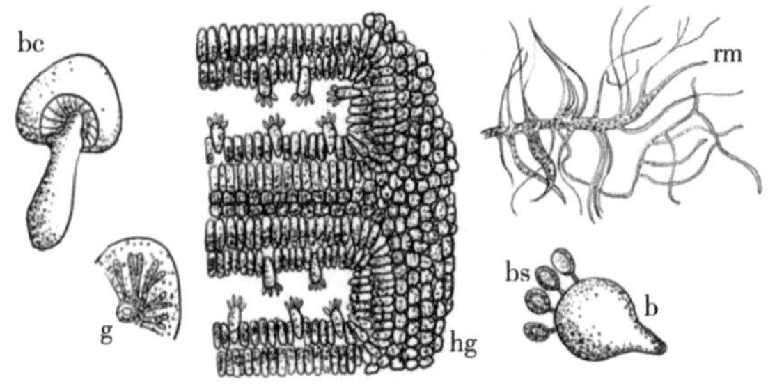

(a)蜜环菌属

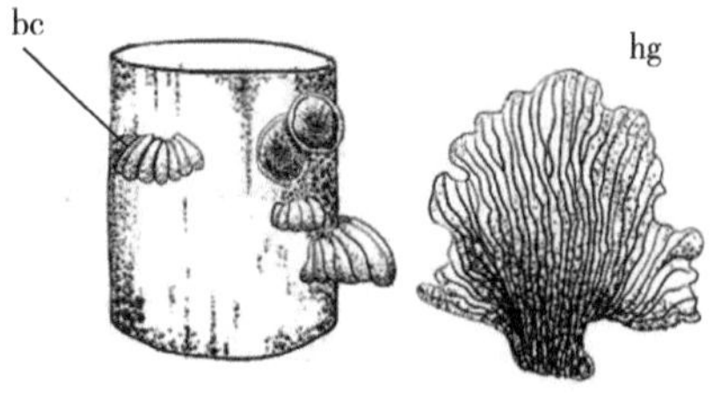

(b)裂褶菌属

b. 担子；bc. 担子果；bs. 担孢子；hg. 子实层菌褶；rm. 菌根。

图 1-26　伞菌目重要病原物属的形态

（Agrios，2005）

(2) 裂褶菌属

担子果自一狭窄的菌柄上生出，扇形或肾形，革质，菌盖有鼠灰色绒毛；子实层体为假菌褶状，由柄基向外辐射伸展[图 1-26(b)]。常见于树干伤口处，可引起皮层腐朽。

取普通裂褶菌的担子果，首先肉眼观察担子果的形态和质地、子实层体的类型；然后取部分子实层体制作徒手切片，显微镜下观察子实层的组织结构、担子及担孢子的形态。

7. 多孔菌目重要病原物属形态特征观察

多孔菌目担子果多为裸果式，多木栓质、革质或木质，少数鲜时肉质；子实层体多为孔状、耙齿状、罕菌褶状；腐生或寄生，多出现在枯木上，少数引起活立木腐朽病。主要寄生在林木枝干或基部，可引起立木腐朽。

(1) 灵芝属

担子果具柄或无柄，偏生或中生，一年生至多年生；皮壳紫灰色、紫褐色至黑褐色，多有(少数无)光泽；子实层体孔状；担孢子卵圆形或顶端平截，双层壁，内壁淡褐色，有小刺突[图 1-27(a)]。常寄生于栎类等阔叶树木桩上，可引起白色腐朽，如灵芝(*Ganoderma lucidum*)和树舌灵芝(*Ganoderma applanatum*)。

取灵芝的担子果，首先肉眼观察担子果的形态和质地、子实层体的类型；然后取部分子实层体制作徒手切片，在显微镜下观察子实层的组织结构、形态，担子及担孢子的形态。

(2) 革裥菌属

担子果一年生，革质至木栓质，菌盖半圆形或扇形，表面光滑或有绒毛，土黄色、浅黄褐色或黄褐色；菌肉白色至淡色；子实层体菌褶状[图 1-27(b)]。常见的林木病原菌为桦革裥菌(*Lenzites betulina*)，生于桦木等阔叶树枯木上，可引起白色腐朽。

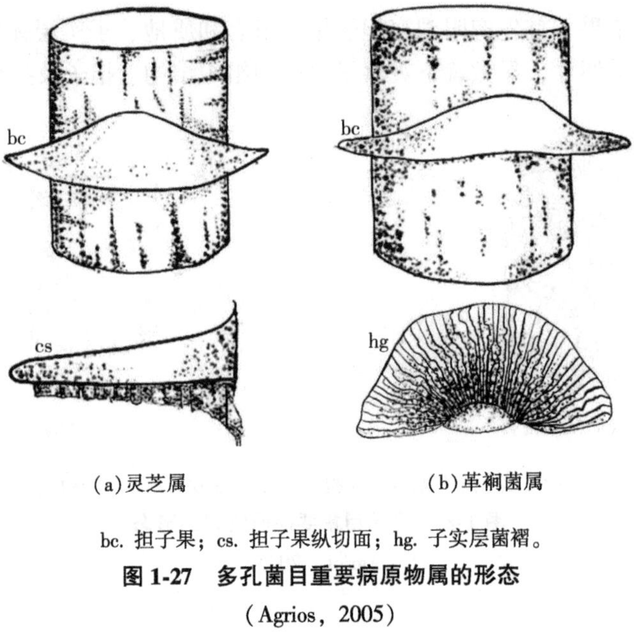

(a)灵芝属　　　　(b)革裥菌属

bc. 担子果；cs. 担子果纵切面；hg. 子实层菌褶。

图 1-27　多孔菌目重要病原物属的形态

(Agrios，2005)

取桦革裥菌的担子果，首先肉眼观察担子果的形态和质地、子实层体的类型；然后取部分子实层体制作徒手切片，显微镜下观察子实层的组织结构、形态、担子及担孢子的形态。

8. 刺革菌目重要病原物属形态特征观察

刺革菌目担子果平伏反卷、檐状、菌盖状，形态多变，无柄；木栓质、革质或木质。子实层体光滑或多为孔状，表面锈褐色。寄生或腐生，多出现在枯木上，常引起活立木腐朽病。

(1)木层孔菌属

担子果木质，硬，多年生，无柄，半圆形，菌肉锈褐色或咖啡色，菌盖常龟裂；子实层中有褐色刚毛[图1-28(a)]。常见种：松木层孔菌(*Phellinus pini*)和火木层孔菌(*Phellinus igniarius*)，常生于杨、柳、栎等多种阔叶树干上，可引起白色腐朽。

取松木层孔菌的担子果，首先肉眼观察担子果的形态和质地、子实层体的类型；然后取部分子实层体制作徒手切片，显微镜下观察子实层的组织结构、刚毛的形态、担子及担孢子的形态。

(2)纤孔菌属

担子果一年生，平伏反卷(薄)、半圆形至马蹄形，无柄，纤毛质、较软；菌盖常有毛；菌肉褐色，菌丝系统一体系。担孢子大，无色至褐色[图1-28(b)]。可寄生于杨、柳、榆、苹果、核桃等多种阔叶树，引起心材腐朽。常见种：粗毛纤孔菌(*Inonotus hispidus*)，生于杨、栎多种阔叶树干，致腐朽；薄皮纤孔菌(*Inonotus cuticularis*)，腐生于阔叶树上。

取粗毛纤孔菌的担子果，首先肉眼观察担子果的形态和质地、子实层体的类型；然后取部分子实层体制作徒手切片，显微镜下观察子实层的组织结构、刚毛的形态、担子及担孢子的形态。

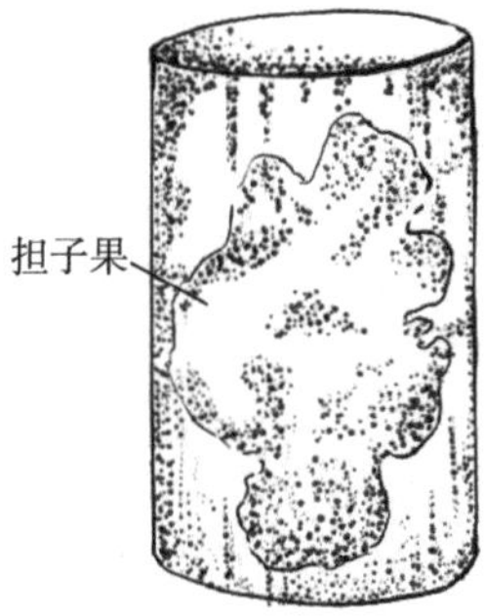

(a)木层孔菌属

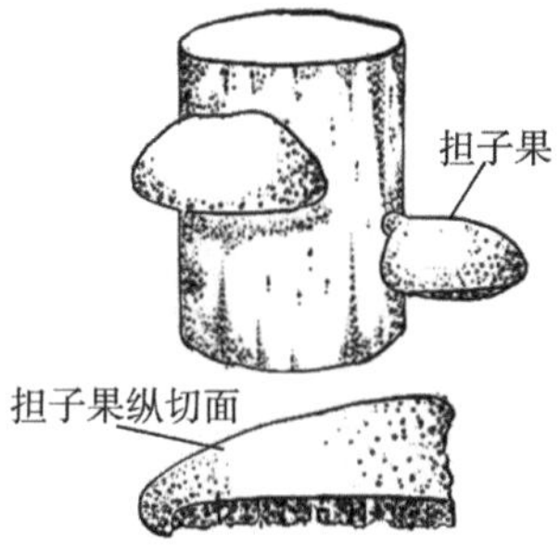

(b)纤孔菌属

图1-28 刺革菌目重要病原物属的形态

(Agrios，2005)

【作业与思考】

1. 使用显微成像系统拍摄胶锈菌属菌物的冬孢子、担子和担孢子形态，彩色打印后提交。

2. 分别绘制单胞锈菌属、柄锈菌属、多胞锈菌属、栅锈菌属和鞘锈菌属菌物的冬孢子形态图。

3. 绘制隔担耳属、紫卷担属、外担子菌属、层孔菌属、纤孔菌属、蜜环菌属和裂褶菌属的子实层体形态结构图。

4. 编制一检索表，区分本实验涉及的重要担子菌病原物属。

5. 如何理解单主寄生和转主寄生？

实验 6　林木病原菌物形态特征观察Ⅴ：无性型菌物

数字图像

无性型菌物(anamorphic fungi)指只有无性态或有性态尚未发现的菌物，由于对其生活史的了解不完全，这类菌物过去一直称为半知菌(imperfect fungi)。未发现有性态的鞭毛菌、接合菌以及未发现冬孢子的锈菌(不完全锈菌)，往往根据无性态的特征就可以确定它们的分类地位，都不列入无性型菌物，因此，无性型菌物实际上只包括在自然状态下未发现有性态的子囊菌和担子菌。无性型菌物的营养体大多为发达的有隔菌丝体，少数为单胞(酵母类)或假菌丝。无性繁殖的基本方式是从营养菌丝上分化出分生孢子梗，在分生孢子梗上形成分生孢子。分生孢子在一个生长季节可发生若干代(子囊菌或担子菌等的无性阶段)；也有少数无性型菌物不产生任何孢子，不断以菌丝或菌核的方式存活和繁殖。无性型菌物无性繁殖阶段的繁殖结构称为载孢体，主要有分生孢子梗、孢梗束、分生孢子座、分生孢子盘和分生孢子器等类型。载孢体是无性型菌物分类的重要依据，但往往不反映系统发育关系。

无性型菌物占已知菌物总数的 30%，种类繁多，分布广泛，土壤、动植物活体或残体、水体、空气等各种环境中都有大量的无性型菌物，在地球物质能量循环中起到重要作用，其中有许多是重要的林木病原菌。

【目的与要求】

1. 通过对主要无性型菌物形态特征的观察，掌握其分类依据，具备基本识别和鉴定能力。

2. 掌握徒手切片技术。

【实验准备】

1. 实验材料

准备有关无性型菌物所致林木病害标本、病原物离体培养物或永久装片标本。

(1) 丝孢类

立枯丝核菌(*Rhizoctonia* sp.)、灰葡萄孢(*Botrytis cinerea*)、仁果丛梗孢、橡胶粉孢(*Oidium heveae*)、青霉菌(*Penicillium* sp.)、粉红单端孢(*Trichothecium roseum*)、大丽轮枝菌(*Verticillium dahliae*)、互生交链孢(*Alternaria alternata*)、油桐尾孢(*Cercospora alearitids*)、刺桐生假尾孢(*Pseudocercospora erythrinigena*)、柳黑星孢(*Fusicladium saliciperda*)、

尖镰孢菌(*Fusarium oxysporum*)、层出镰孢菌(*Fusarium proliferatum*)等。

(2)腔孢类

盘长孢状刺盘孢(*Colletotrichum gloeosporioides*)、厚盘单毛孢(*Monochaetia pachyspora*)、枯斑拟盘多毛孢(*Pestalotiopsis funerea*)、桉树溃疡病菌(*Phoma eucalyptica*)、苹果轮纹病病菌、梨壳囊孢(*Cytosporacarphosperma*)等。

2. 实验器具

计算机及投影仪、普通光学显微镜、手持放大镜、刀片、载玻片、盖玻片、尖头镊子、通草、剪刀、解剖刀、挑针、滴瓶、蒸馏水、吸水纸等。

【实验步骤】

1. 丝孢类

分生孢子直接从菌丝或从分生孢子梗上产生，分生孢子梗散生、束生或着生在分生孢子座上，不产生在分生孢子盘或分生孢子器内。

(1)丝核菌属

菌丝发达，在分枝处常缢缩并形成隔膜，老熟菌丝褐色，产生球形或不规则的菌核(图1-29)，表面粗糙，可侵染多种植物的根、茎、叶，引起林木根腐病、立枯病、纹枯病。

镜检立枯丝核菌永久装片，观察菌丝直角或近直角分枝，分枝不远处的隔膜及其菌核等结构。

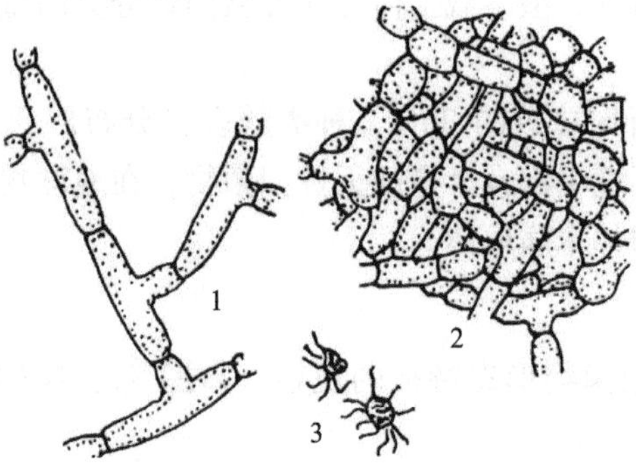

1. 直角分枝的菌丝；2. 菌丝纠缠的菌组织；3. 菌核。

图1-29　丝核菌属的形态

(李玉等，2015)

(2)葡萄孢属

分生孢梗子粗，顶端分枝，分枝末端膨大，从膨大体或分枝末端小突起上聚生分生孢子，外观呈葡萄穗状。分生孢子椭圆形、球形、卵形，无色或淡色，单胞，表面光滑。易产生黑色坚实的小菌核，椭圆形或不规则形，表面粗糙(图1-30)。

镜检灰葡萄孢永久装片，观察分生孢子梗和分生孢子的着生位置、形态和结构。

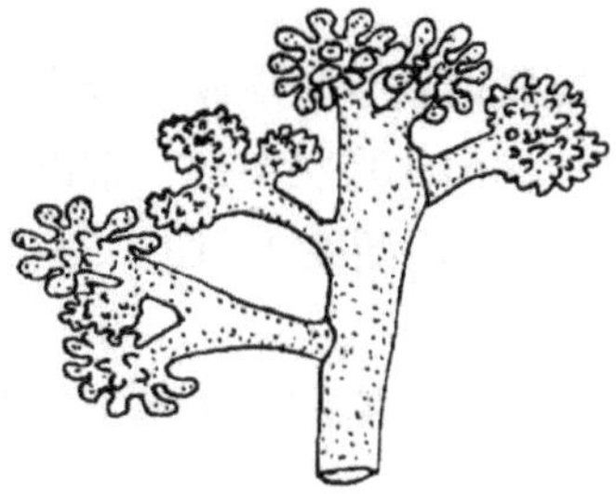

图 1-30　葡萄孢属的形态
（李玉等，2015）

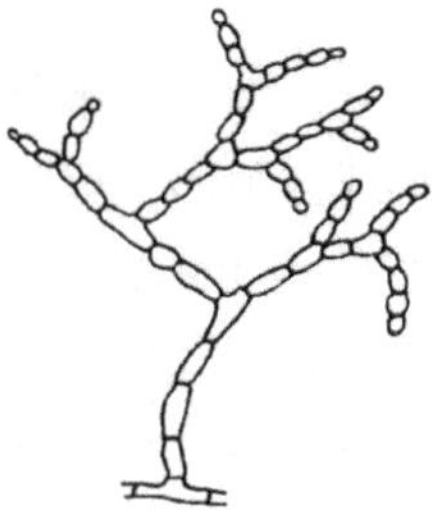

图 1-31　仁果丛梗孢的形态
（许志刚等，2021）

（3）丛梗孢属

菌丝匍匐状，分生孢子梗无色或淡色，二叉状或不规则分枝。分生孢子椭圆形至长卵形（图 1-31），单胞，无色或淡色，成堆时灰色、淡褐色，串生，孢子之间有明显的连接细胞，自下而上依次成熟。侵染仁果类植物的花、果实，引起褐腐病。

镜检仁果丛梗孢永久装片，观察分生孢子梗和分生孢子的着生位置、形态和结构。

（4）粉孢属

专性寄生菌。菌丝体表生或内生，形成指状吸器，分生孢子梗直立，不分枝，无色，分生孢子串生，单胞，无色，圆柱形或椭圆形（图 1-32）。侵染多种林木，引起白粉病。

镜检橡胶粉孢永久装片，观察分生孢子梗和分生孢子的着生位置、形态和结构。

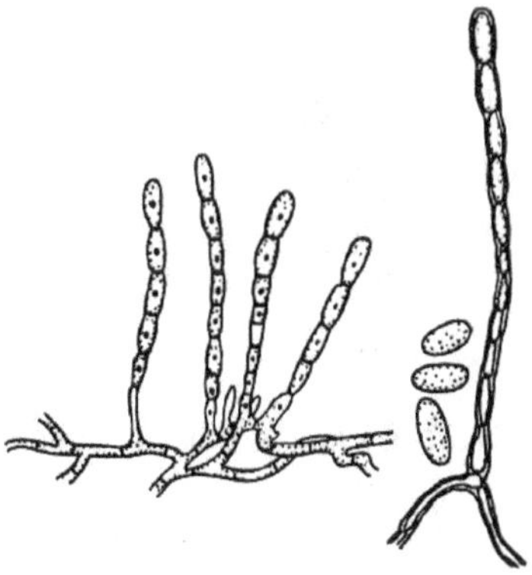

图 1-32　粉孢属的形态
（许志刚等，2021）

（5）青霉属

菌丝发达，分枝，具隔膜。分生孢子梗由菌丝垂直生出，无色，具隔膜，菌丝顶部多次分枝形成典型的帚状结构，孢梗分枝顶端产生大量形如水瓶的产孢细胞，称为瓶梗，产生瓶梗的细胞称为梗基。分生孢子单胞，无色，球形、卵形、椭圆形或圆柱形，呈链状着生，聚集时呈青绿色或其他颜色［图 1-33（a）］。引起果腐和种子霉烂。

镜检青霉永久装片，观察分生孢子梗、产孢细胞和分生孢子的着生位置、形态和结构。

(6)单端孢属

分生孢子梗直立，细长，不分枝，无色，无隔膜或具少数隔膜。分生孢子无色，聚集呈粉红色，长圆形或洋梨形，双胞，下端细胞具一偏向的喙状突起，常以基部交错相连的方式聚集成特征性的孢子链，倒退产孢，分生孢子梗逐渐变短[图 1-33(b)]。可危害苹果、梨和瓜类果实，引起红粉病。

镜检粉红单端孢永久装片，观察分生孢子梗、产孢细胞和分生孢子的着生位置、形态和结构。

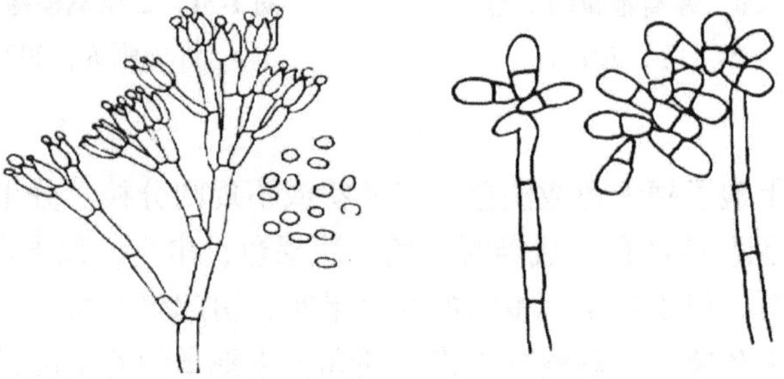

(a)产黄青霉　　(b)粉红单端孢

图 1-33　青霉属和单端孢属的形态

(李玉等，2015)

(7)轮枝孢属

直立，无色，具隔膜，呈轮状分枝(产孢细胞)。产孢细胞细长瓶状，分生孢子单胞，球形、椭圆形、卵形或梭形，无色至淡褐色，分生孢子连续产生，常于产孢细胞顶端聚集成头状[图 1-34(a)]。可引起林木枯萎病。

镜检大丽轮枝菌永久装片，观察分生孢子梗、产孢细胞和分生孢子的着生位置、形态和结构。

(8)链格孢属

菌丝发达，分枝，具隔膜，淡色至褐色。分生孢子梗生于菌丝顶端或侧面，或生于子

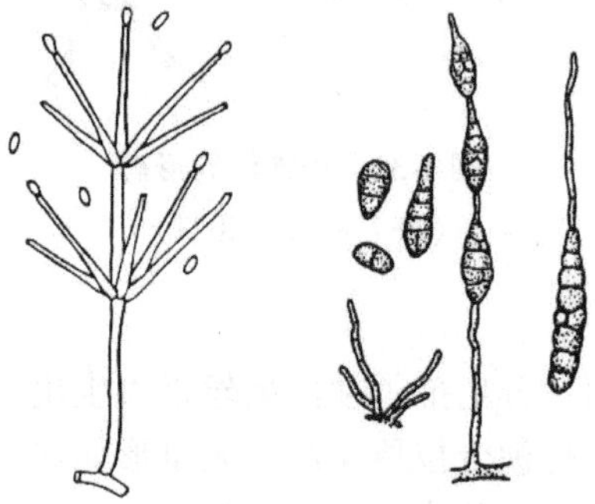

(a)轮枝孢属　　(b)链格孢属

图 1-34　轮枝孢属和链格孢属的形态

(许志刚等，2021)

座上，分化明显，暗色，单生或丛生，孢痕明显。分生孢子单生或链生，棍棒形、梨形、卵形或椭圆形，淡褐色至深褐色，具横、纵或斜的真隔膜，光滑或具疣、刺，顶端无喙或延伸成喙[图 1-34(b)]。

镜检互生交链孢永久装片，观察菌丝、分生孢子梗、产孢细胞和分生孢子的形态、着生位置和结构。

(9)尾孢属

分生孢子梗褐色，具隔膜，孢痕明显加厚，屈膝状。分生孢子单生，针形、倒棒形、鞭形，无色或淡色，具多个隔膜，表面光滑，基部脐点加厚明显[图 1-35(a)]。引起多种林木褐斑病。

镜检油桐尾孢菌永久装片，观察菌丝、分生孢子梗、产孢细胞和分生孢子的形态、着生和结构。

(10)假尾孢属

菌丝发达，分枝，具隔膜，常在寄主气孔下形成子座，球形，褐色。分生孢子梗簇生于子座上，浅褐色。分生孢子单生，棒形或圆柱形，淡褐色至深褐色，具隔膜，脐点加厚不明显[图 1-35(b)]。

镜检刺桐生假尾孢永久装片，观察菌丝、分生孢子梗、产孢细胞和分生孢子的形态、着生位置和结构。

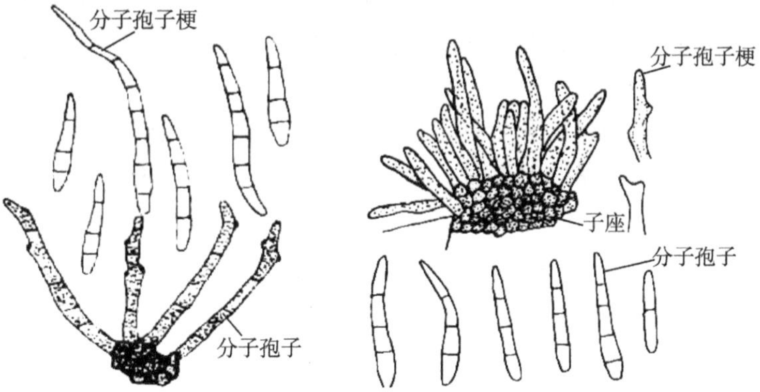

(a)尾孢属　　(b)假尾孢属

图 1-35　尾孢属和假尾孢属的形态
(程渊明，1989；白金凯等，1992)

(11)黑星孢属

菌丝体表生，分枝，具隔膜，具子座。分生孢子梗直立或微弯，簇生，不分枝，淡褐色，孢痕齿突状。分生孢子梭形，基部平截，淡褐色，单胞或具 1~3 个隔膜，表面具小突(图 1-36)，可引起多种林木叶斑病。

镜检柳黑星孢永久装片，观察菌丝、分生孢子梗、产孢细胞和分生孢子的形态、着生位置和结构。

(12)镰孢菌属

菌丝发达，分枝，具隔膜，埋生或表生，无色至鲜色。菌落茂密，棉絮状，产生色

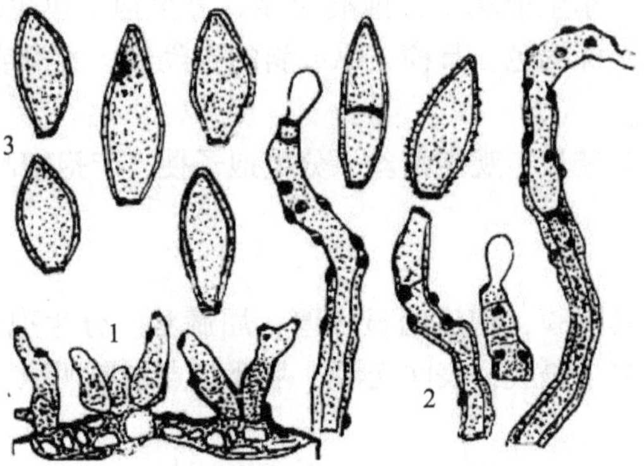

1. 子座；2. 分生孢子梗；3. 分生孢子。

图 1-36　黑星孢属的形态

（Ellis，1972）

素。分生孢子梗着生在鲜艳的分生孢子座上，无色，具隔膜或无隔膜，单生或分枝，顶端为产孢细胞。通常产生两种类型的分生孢子：大型分生孢子微弯或显著弯曲，镰刀形，多胞，无色，基部有小梗；小型分生孢子椭圆形、卵形、短圆柱形等，单胞或双胞，无色，单生或链生。分生孢子聚生，形成黏性孢子团或在分生孢子座上聚集成黏性孢子堆。有的可形成厚垣孢子。厚垣孢子厚壁，球形或近球形，单生或串生，顶生或间生，单胞或双胞（图 1-37）。可危害 50 多科的植物，引起根腐、茎腐、萎蔫和枯萎等症状，是重要的植物病原物之一。

镜检尖镰孢菌，观察菌丝、分生孢子梗和各种分生孢子的形态、着生位置和结构；观察层出镰菌培养物颜色，制备临时装片，显微镜下观察分生孢子的形态。

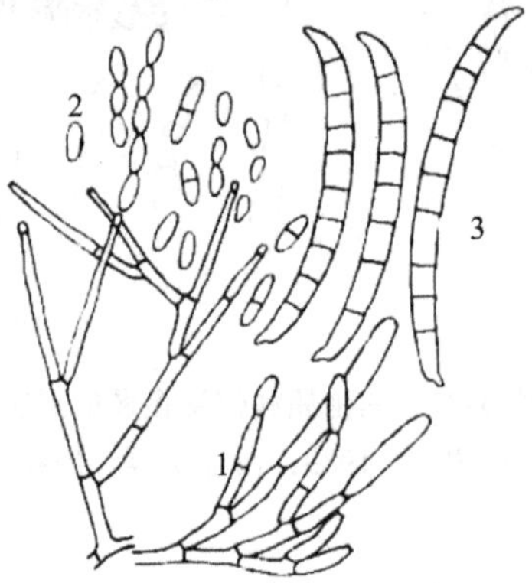

1. 分生孢子梗；2. 小型分生孢子；3. 大型分生孢子。

图 1-37　镰孢菌属的形态

（李玉等，2015）

2. 腔孢类

分生孢子着生在分生孢子盘或分生孢子器内。分生孢子盘和分生孢子器在外形上与子囊盘和子囊壳相似。分生孢子梗短小，着生在分生孢子盘上或分生孢子器的内壁。

(1) 刺盘孢属

分生孢子盘近表皮生或表生，散生或聚生，不规则开裂。在培养条件下不产生分生孢子盘，偶生刚毛。分生孢子梗生于分生孢子盘基部，无色至褐色。分生孢子长椭圆或新月形，单胞，无色，光滑，薄壁，有时具油球(图 1-38)。可引起苹果、梨等多种林木炭疽病，是重要的植物病原真菌。

观察胶孢炭疽菌培养物的颜色，制作临时装片，观察分生孢子、菌丝的形态；镜检分生孢子盘永久切片，记录分生孢子盘、分生孢子梗和分生孢子的结构特征。

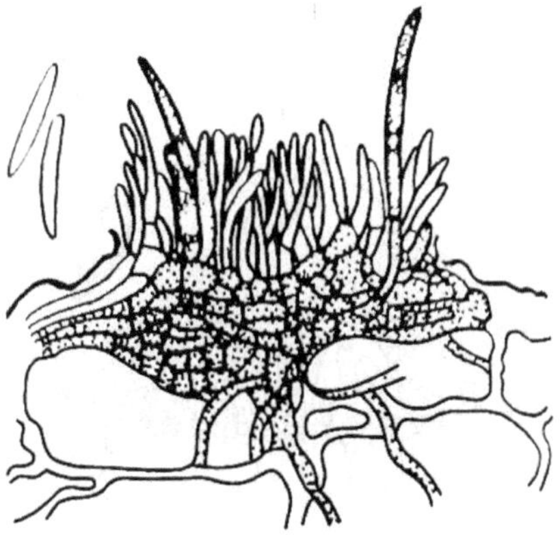

图 1-38　刺盘孢属的形态

(许志刚等，2021)

(2) 盘单毛孢属

分生孢子盘近表皮生，散生或聚生，近圆形或线形，不规则开裂。分生孢子梗圆柱形，直或弯曲，少分枝，基部具隔膜，无色。分生孢子具 4 个隔膜，顶端和基部细胞无色，中间细胞厚壁，褐色，光滑，在隔膜处连续或缢缩，基部生细胞状、短、不分枝中央生的附属物，顶端生 1 个简单或分枝附属丝(图 1-39)。

镜检厚盘单毛孢永久装片，观察分生孢子梗、分生孢子和附属丝的数量、形态和结构。

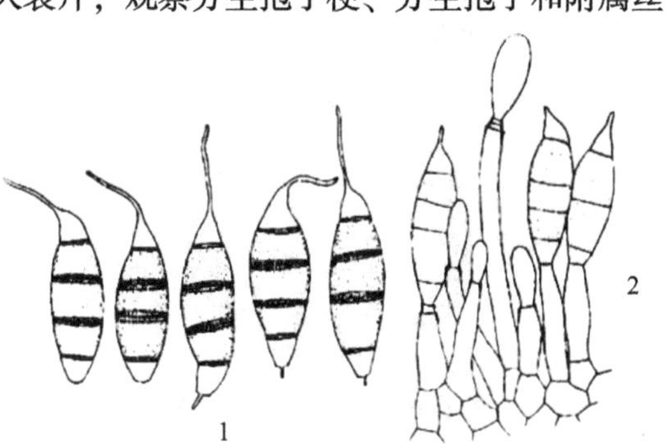

1. 分生孢子；2. 产孢细胞和发育中的分生孢子。

图 1-39　盘单毛孢属的形态

(Sutton，1980)

(3) 拟盘多毛孢属

分生孢子盘表生至近表生，散生或聚生，不规则开裂。分生孢子梗圆柱形或葫芦形，无色，分枝，基部和上部具隔膜。产孢方式为全壁芽生环痕式产孢，产孢细胞圆柱形，聚生，无色，光滑，具多个顶生突起。分生孢子纺锤形，直或微弯，4 个隔膜；基部细胞无色，平截，具 1 个细胞状简单或少分枝的附属物顶端细胞圆锥形无色，具 2 个或多个顶生简单或分枝附属物(图 1-40)。可引起松树赤枯病、枇杷灰斑病等。

镜检枯斑拟盘多毛孢(*Pestalotiopsis funerea*)永久装片，观察分生孢子梗、分生孢子和附属丝的数量、形态和结构。

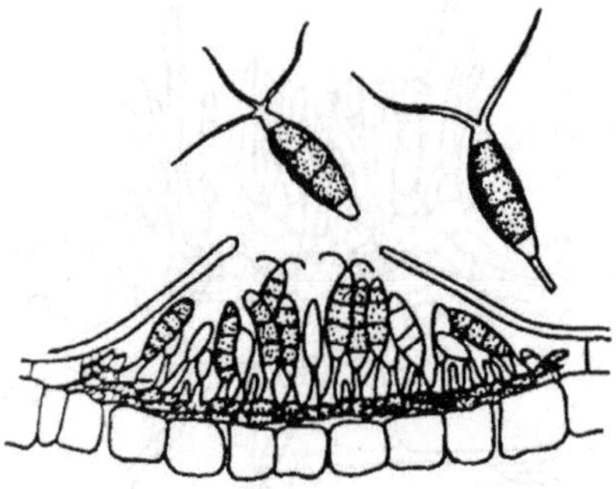

图 1-40　拟盘多毛孢属的形态
(许志刚等，2021)

(4) 茎点霉属

载孢体为分生孢子器，分生孢子梗极短；分生孢子单胞，个体小，卵形至椭圆形(图 1-41)。可引起植物叶斑病、溃疡病等。

镜检桉树溃疡病菌永久装片，观察分生孢子器、分生孢子梗、分生孢子的形态和结构。

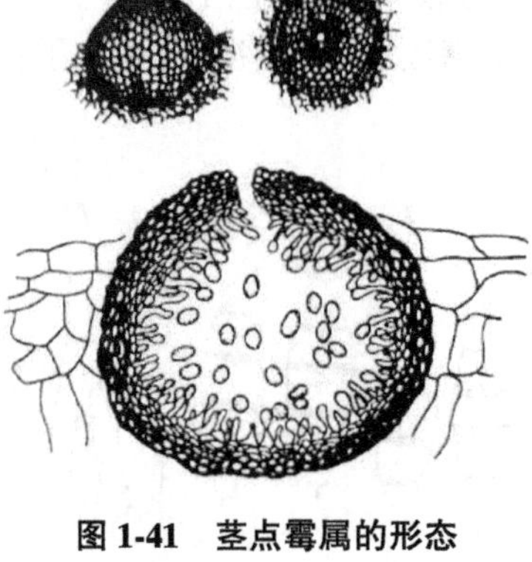

图 1-41　茎点霉属的形态
(许志刚等，2021)

(5) 大茎点霉属

形态与茎点霉相似，分生孢子较大，一般超过 15 μm(图 1-42)。可引起苹果、梨等轮纹病等。

镜检苹果轮纹病菌永久装片，观察分生孢子器、分生孢子梗、分生孢子的形态和结构。

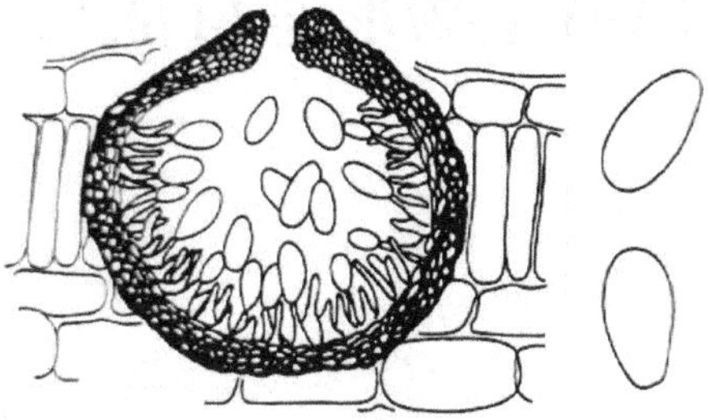

图 1-42　大茎点霉属的形态
（许志刚等，2021）

（6）壳囊孢属

子座近表生，散生，圆锥形，暗褐色，多腔室，具一共同的中心孔口；分生孢子梗无色，具隔膜，离生，不规则分枝，光滑，多数顶生分生孢子。分生孢子腊肠形，单胞，无色，壁薄，无油滴，光滑，孢子角明显，颜色鲜艳（图 1-43）。世界范围内广泛分布，引起多种木本植物腐烂病和枝枯病，是一类重要的林木病原菌。

镜检梨壳囊孢属永久装片，观察子座、分生孢子器、分生孢子梗、分生孢子形态和结构特点。

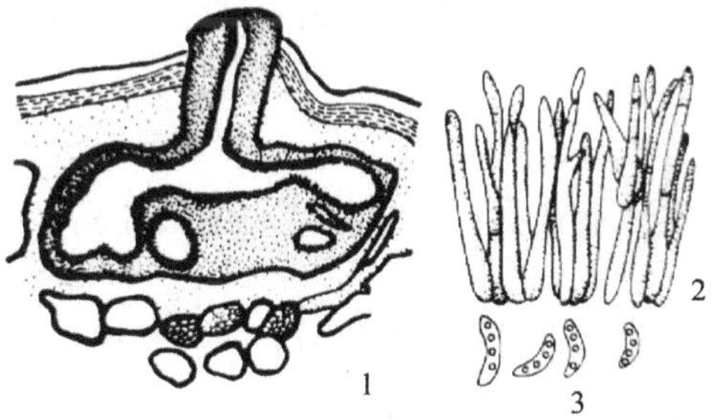

1. 分生孢子器；2. 分生孢子梗；3. 分生孢子。
图 1-43　壳囊孢属的形态
（许志刚等，2021）

【作业与思考】

1. 绘制无性型菌物各代表属的形态特征简图。
2. 从发生学和形态学方面区别分生孢子器、分生孢子盘与子囊壳和子囊盘。
3. 无性型菌物在侵染循环上有哪些重要特点？
4. 为什么说无性型菌物与子囊菌门关系密切？试从营养体、繁殖体形态以及危害植物的症状特点等方面加以分析。

实验 7　林木病原原核生物形态特征及所致病害症状观察

数字图像

原核生物(Procaryotes)是指无真正细胞核的单细胞生物，大小一般为 0.2～10.0 μm，其外有细胞壁和细胞膜或只有细胞膜包围。植物病原原核生物包括有细胞壁的植物病原细菌 21 个属和无细胞壁的原核生物 2 个属，即植原体属(*Phytoplasma*)和螺原体属(*Spiroplasma*)。

植物细菌性病害的主要症状为坏死、腐烂、萎蔫和畸形。在高湿条件下，可在植物细菌性病害病斑表面观察到菌脓。菌脓常呈白色、黄色或粉红等各种颜色。菌溢现象是植物细菌病害诊断的重要依据。

植原体是 1967 年日本学者 Doi 在桑树萎缩病病树的韧皮部组织中首次发现的。到目前为止，已报道 300 多种植物被植原体危害，主要症状表现为黄化、矮缩、丛生、花变叶、花叶和芽变小等。螺原体主要寄生在植物韧皮部和昆虫体内，使感病植物产生矮化、丛生、畸形等症状。

【目的与要求】

1. 熟悉植物细菌性病害的症状类型，学习植物细菌性病害的简易诊断方法及主要染色技术。

2. 了解主要林木病原细菌属的主要特点和引起的病害症状。

3. 掌握植原体和螺原体病害的主要特点。

【实验准备】

1. 实验材料

重要林木病原原核生物所致林木病害标本、新鲜病叶及其离体培养物，具体如下：

(1) 林木病原细菌及所致病害

桑细菌性疫病菌(*Pseudomonas syringae*)、杉木细菌性叶枯病菌(*Pseudomonas cunninghamiae*)、丁香细菌性疫病菌(*Pseudomona syringae*)、核桃细菌性黑斑病菌(*Xanthomonas sjuglandis*)、桃细菌性穿孔病菌(*Xanthomonas campestris*)、苹果根癌病菌(*Agrobacterium tumefacines*)、樱桃根瘤病菌(*Agrobacterium tumefaciens*)、梨火疫病菌(*Erwinia amylovora*)、马铃薯环腐病菌(*Clavibacter michiganensis*)、柑橘溃疡病菌(*Xanthomonas citri* pv. *citri*)、桉树青枯病菌(*Ralstonia solanacearum*)等。

(2) 植原体及所致病害

枣疯病、泡桐丛枝病、桉树黄化病。

(3) 螺原体及所致病害

柑橘僵化病菌(*Spiroplasma citri*)。

2. 实验器具

计算机及投影仪、普通光学显微镜、革兰染色试剂盒、手持放大镜、解剖针、载玻片、盖玻片、尖头镊子、剪刀、吸水纸、刀片、移菌环等。

【实验步骤】

1. 林木细菌性病害症状观察与简易诊断

(1) 林木细菌性病害症状观察

植物病原细菌侵染植物后，一旦与植物建立寄生关系，就会对植物产生影响，使植物在生理上、组织上产生病变，最后在形态上表现各种症状，植物病原细菌主要引起坏死、腐烂、萎蔫、畸形等症状类型。

①坏死：细菌性病害常见的坏死症状为斑点和溃疡。细菌侵入植物组织后，使薄壁组织细胞坏死，造成枯斑，通常表现在叶片、果实和嫩枝上。病斑在初期往往呈水渍状，有的斑点周围还有褪绿圈，称为晕圈。叶片上的病斑常以粗的叶脉为界形成多角形病斑，如核桃细菌性黑斑病；也有不受限制迅速扩展成大型圆斑的，如丁香细菌性疫病。有的核果类果树的叶片受害后，组织坏死常脱落形成穿孔，如桃树细菌性穿孔病。柑橘黄单胞杆菌危害柑橘后，病斑组织木栓化并龟裂，形成溃疡斑，如柑橘溃疡病。

详细观察并记录核桃细菌性黑斑病、丁香细菌性疫病、桃树细菌性穿孔病、柑橘溃疡病的症状特点。

②腐烂：细菌侵入一些多汁液的植物组织后，先在薄壁组织的细胞间繁殖，分泌果胶酶，溶解细胞壁的中胶层，使细胞的透性发生改变，造成细胞内物质外渗，产生腐烂症状，常伴有恶臭气味。

观察梨火疫病的新鲜标本，注意其症状特征，有无特殊的臭味。

③枯萎：细菌侵入植物组织后，在维管束的导管内繁殖并上下蔓延，使导管堵塞，造成水分运输受阻，同时可以破坏导管或邻近薄壁细胞组织，使整个输导组织遭受破坏，导致枯萎，被害植物的维管组织变褐，在潮湿条件下，其横断面有黏稠状菌脓溢出。

观察桉树青枯病的新鲜标本，小刀切取横断面，注意维管束的变色情况。

④畸形：细菌侵入组织后，由于薄壁细胞分裂加速和细胞体积增大，促使局部组织过度发育而形成肿瘤。

观察苹果根癌病、樱桃根瘤病的标本，注意病株基部大小不等的肿瘤。

(2) 林木细菌性病害简易诊断

林木细菌性病害的诊断和病原鉴定是比较复杂的，初步诊断是根据症状特点和显微镜检查病组织中的细菌来完成的。细菌病害，除少数(如苹果根癌病)外，绝大多数在受害部位的维管束或薄壁细胞组织中存在大量的细菌，并且吸水后形成菌溢现象，因此，镜检病组织中有无细菌的大量存在和菌溢现象的出现是诊断细菌病害简单易行的方法。

取核桃细菌性黑斑病新鲜病叶，在病斑病健交界处剪取 2 mm×2 mm 的小块病组织，放在载玻片上，滴加一滴无菌水，盖好盖玻片后立即在显微镜下观察，注意叶组织维管束剪断处是否有大量的细菌呈云雾状溢出。将视野亮度调暗更易观察。按同样方法用健康组织作为镜检反证。或取桉树青枯病病枝，用剪刀剪断后，在横切面滴加一滴无菌水，注意观察是否有菌脓溢出。

(3)植物病原细菌形态特征观察

①土壤杆菌属：菌体杆状，不产生芽孢，大小 1.5~3.0 μm×0.6~1.0 μm，以 1~4 根周生鞭毛运动，如果是 1 根，则多为侧生(图 1-44)。没有荚膜和芽孢。革兰氏染色阴性。菌落通常为圆形，隆起，光滑，无色素，白色至灰白色、半透明。该属细菌有的种含有可引起植物肿瘤症状的质粒，称为致瘤质粒(tumor inducing plasmid，Ti 质粒)，主要引起桃、樱桃、苹果、梨、杨树和葡萄等果树和林木的根癌病或冠瘿病。

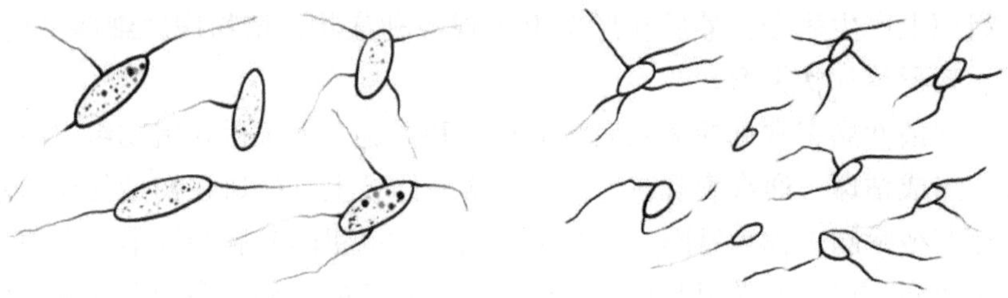

(a)苹果根癌病菌　　(b)樱桃根瘤病菌

图 1-44　土壤杆菌属病原细菌的形态

(王华玲 绘)

使用尖头镊子分别从苹果根癌病菌和樱桃根瘤病菌单菌落中夹取少量菌体，以水作为浮载剂，制作临时装片，显微镜下观察并记录土壤杆菌属的形态特征，同时绘制形态图。

②假单胞杆菌属：菌体杆状，大小 1.5~4.0 μm× 0.5 ~1.5 μm。有 1 至数根极鞭，没有荚膜和芽孢。革兰氏染色阴性，营养琼脂上的菌落圆形，隆起，灰白色。主要引起叶斑、腐烂、溃疡、萎蔫和肿瘤等症状，如引起丁香细菌性疫病的丁香假单胞杆菌丁香致病变种，引起桉树、木麻黄和油橄榄青枯病的青枯假单胞杆菌(已更名为茄拉尔氏菌)。

使用尖头镊子分别从杉木细菌性叶枯病菌、桑细菌性疫病菌和丁香细菌性疫病菌的单菌落中夹取少量菌体，以水作为浮载剂，制作临时装片，显微镜下观察并记录假单胞杆菌属的形态特征，同时绘制形态图。

③黄单胞杆菌属：菌体杆状，大小 0.7 ~1.8 μm×0.4~0.7 μm。极生 1 根鞭毛(图 1-45)。革兰氏染色阴性。该属的不同种和致病变种会引起许多植物产生各种类型症状，常见的有叶、茎部坏死斑(叶斑、条斑和溃疡等)，还有腐烂和系统性萎蔫等，如引起柑橘溃疡病的柑橘黄单胞杆菌柑橘致病变种（*Xanthomonas axonopodis* pv. *citri*）。

使用尖头镊子，分别夹取少量核桃细菌性黑斑病菌[图 1-45(a)]和桃细菌性穿孔病菌[图 1-45(b)]的离体培养物，以水作为浮载剂，制作临时装片，显微镜下观察并记录黄单胞杆菌属的形态特征，同时绘制形态图。

④拉尔氏菌属：是由原假单胞杆菌属中的 rRNA 第二组独立出来的一个类群。菌体短杆状，极生鞭毛 1~4 根，革兰氏染色阴性，好氧菌。在培养基上形成光滑，湿润，隆起

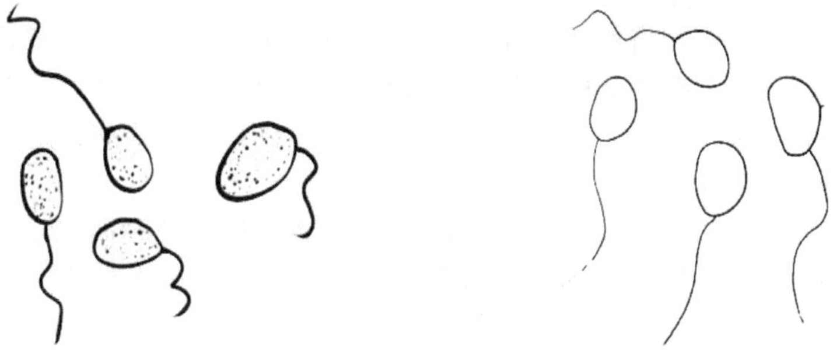

(a)核桃细菌性黑斑病菌
(周仲铭，1990)

(b)桃细菌性穿孔病菌
(浙江农业大学等，1992)

图 1-45　黄单胞杆菌属病原细菌的形态

和灰白色的菌落，与假单胞杆菌属的区别是该属细菌不产生荧光色素。如茄拉尔氏菌(*Ralstonia solanacearum*)能引起茄科植物、桉树和木麻黄的青枯病。寄主范围广，可以危害 30 余科 100 多种植物。病害的典型症状是植物全株呈现急性凋萎，病茎维管束变褐，横切后可见切面上有白色菌脓溢出。

⑤欧文氏杆菌属：菌体杆状，大小 1.0~3.0 μm × 0.5~1.0 μm。多根周生鞭毛(图 1-46)，革兰氏染色阴性，菌落乳白色。引起枝枯萎蔫症状，如梨火疫病菌(*Erwinia amylovora*)。

使用尖头镊子分别夹取少量梨火疫病菌[图 1-46(a)]和枣缩果病菌[图 1-46(b)]的离体培养物，以水作为浮载剂，制作临时装片，显微镜下观察并记录该属的形态特征，同时绘制形态图。

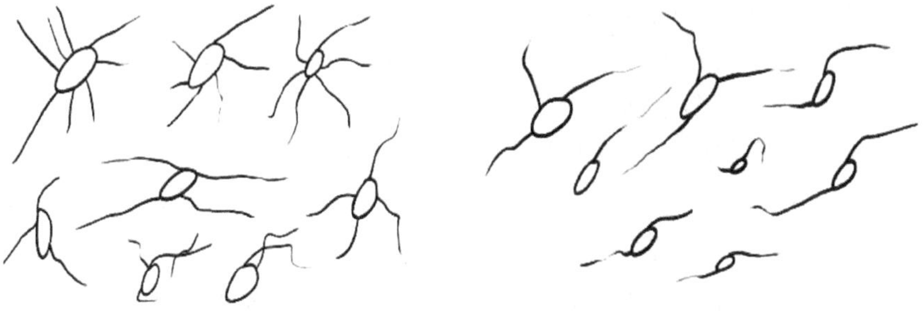

(a)梨火疫病菌

(b)枣缩果病菌

图 1-46　欧文氏杆菌属病原细菌的形态

(王华玲 绘)

⑥嗜木杆菌属：菌体杆状，直或微弯，以单根极生鞭毛运动，革兰氏染色阴性。该属只有 1 种，即葡萄嗜木杆菌(*Xylophilus ampelinus*)，主要寄生在木质部，引起葡萄组织坏死和溃疡。

⑦木杆菌属：大多数是单细胞菌体，短杆形，大小 1.0~4.0 μm × 0.25~0.35 μm，无鞭毛，在某些情况下，细胞会连成线形，革兰氏染色阴性。该属细菌只寄生在植物木质部，目前只有 1 种，即葡萄皮尔氏菌(*Xylella fastidiosa*)，可使感病植株叶片枯焦坏死、叶片脱落、枝条枯死、生长缓慢、结果少而小、植株矮缩和萎蔫，最后引起植株死亡。

⑧韧皮部杆菌属：是新建立的一个候选属。该属的细菌寄生在植物的韧皮部组织中，至今尚未成功分离在人工培养基上培养。在电镜下可看到形态为梭形或短杆状的细菌，革兰氏染色阴性。该属含有2个种，都在柑橘上危害。在亚洲发生的柑橘黄龙病，定名为韧皮部杆菌亚洲种(*Liberobacter asiaticum*)；在非洲发生的柑橘青果病，定名为韧皮部杆菌非洲种(*Liberobacter africanum*)。

⑨棒形杆菌属：菌体多形态，包括直的或微弯曲的杆状、楔形和球形，大小0.8~2.5 μm × 0.4~0.75 μm（图1-47）。革兰氏染色阳性。主要引起植物萎蔫症状，如密执安棒形杆菌(*Clavibacter michiganense*)可以引起番茄、辣椒、苜蓿、玉米、马铃薯等植物萎蔫病。

使用尖头镊子分别夹取少量马铃薯环腐病菌[图1-47(a)]和番茄细菌性溃疡病菌[图1-47(b)]的离体培养物。以水作为浮载剂，制作临时装片，显微镜下观察并记录棒状杆菌属的形态特征，同时绘制形态图。

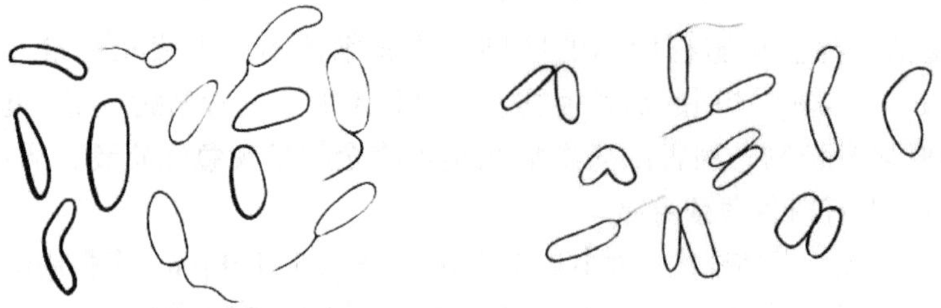

(a)马铃薯环腐病菌　　(b)番茄细菌性溃疡病菌

图1-47　棒状杆菌属病原细菌的形态

(王华玲 绘)

2. 植原体及所致病害症状观察

迄今为止，已报道300多种植物被植原体危害，主要症状表现为黄化、矮缩、丛生、花变叶及花、叶和芽变小等。木本植物中有梨衰退病、葡萄黄叶病、枣疯病、苹果簇叶病、泡桐丛枝病、榆树黄化病、檀香木丛生病和桉树黄化病等。

取枣疯病、泡桐丛枝病、桉树黄化病等病害标本，观察节间、枝条、叶片的变化特点。

3. 螺原体及所致病害症状观察

菌体呈螺旋形，繁殖时可产生螺旋形分枝。培养生长需要甾醇，主要寄生在植物韧皮部和昆虫体内，会使感病植物产生矮化、丛生及畸形等症状。模式种为柑橘僵化病菌。侵染柑橘和豆科植物等。柑橘受害后枝条直立，节间缩短，变小，枝或芽丛生，树皮增厚，植株矮化，且全年可开花，但结果小而少，多畸形，易脱落。

取柑橘僵化病标本，观察枝条、节间、树皮的变化。

【作业与思考】

1. 描述供试细菌性病害的症状，其与真菌病害有什么不同？
2. 谈谈细菌与人类利弊关系。

实验 8　林木病原细菌形态特征和培养性状观察

绝大多数植物病原细菌是短杆状的单细胞，只有极少数是圆球状或丝状，大小 0.5～0.8 μm×0.8～1.5 μm，在光学显微镜下直接观察时差异不显著，难以区分，但经过染色以后，就可观察到不同属种细菌的形态与结构差异。同时，结合培养性状的观察，可以对细菌的分类地位有初步了解，这是细菌鉴定工作的第一步。

数字图像

【目的与要求】

1. 学习和掌握革兰氏染色法和鞭毛染色法的原理和操作步骤。

2. 观察主要林木病原细菌的培养性状。

【实验准备】

1. 实验材料

(1) 供试菌种

金黄色葡萄球菌(*Staphylococcus aureus*)、杉木细菌性叶枯病菌(*Pseudomonas cunninghamiae*)、苹果根癌病菌(*Agrobacterium tumefaciens*)、梨火疫病菌(*Erwinia amylovora*)、核桃细菌性黑斑病菌(*Xanthomonas juglandis*)、桑细菌性疫病菌(*Pseudomonas syringae*)等。

(2) 革兰氏染液

①结晶紫—草酸铵染剂：溶液Ⅰ(结晶紫 2.0 g，95%的乙醇溶液 20 mL)，溶液Ⅱ(草酸铵 0.8 g，蒸馏水 80 mL)。混合溶液Ⅰ和Ⅱ，滤纸过滤，贮存于试剂瓶中，24 h 后使用。

②鲁戈尔碘液：碘 1.0 g，碘化钾 2.0 g，蒸馏水 300 mL。将碘和碘化钾放入同一研钵中研磨，研磨时缓慢加水直至碘和碘化钾溶解，然后加水稀释至 300 mL，装入棕色试剂瓶，置于暗处备用。

③复染剂：先配制原液，用蒸馏水稀释后为复染剂。原液的配方为番红 2.5 g，95%的乙醇溶液 100 mL；复染剂的配方为原液 10 mL，蒸馏水 90 mL。

(3) 鞭毛染液

①媒染液 A：10%的单宁酸 10 mL，先加 5 mL 饱和硫酸铝钾水溶液，再加入 1 mL 苯胺饱和水溶液形成沉淀，通过摇动又能重新溶解，加入 1 mL 5%的氯化铁溶液形成黑色溶液，稳定 10 min 后使用。

②银染液 B：首先配制 100 mL 5%的硝酸银溶液，取 10 mL 备用，然后向备用的 10 mL 硝酸银溶液中逐滴加入氨水直至摇动后呈现轻微而稳定的薄雾状溶液，避光保存。

2. 实验器具

移菌环、普通光学显微镜、吸水纸、试管、镊子、脱脂棉、草纸、酒精灯、载玻片、盖玻片等。

【实验步骤】

1. 革兰氏染色

革兰氏染色是细菌学研究中广泛使用的一种鉴别方法，这种染色法是由丹麦医生汉斯·克里斯蒂安·革兰(Hans Christian Gram，1853—1938)于 1884 年创建。未经染色的细菌，由于其与周围环境折光率差别小，故在显微镜下极难观察。染色后的细菌与环境形成鲜明对比，可以清楚地观察到细菌的形态、排列及某些结构特征。这些特征可用于分类鉴定。革兰氏染色的操作步骤如下：

(1)涂片

①取洁净的载玻片，加一滴无菌水；用移菌环按无菌操作要求取一环菌苔，在水滴中制成菌悬液。

②另取一洁净载玻片，在中央加一滴无菌水，用移菌环取一环上述配制的菌悬液至水滴中，均匀涂布成薄层后自然晾干。

③将涂片在酒精灯火焰上缓慢通过 2~3 次进行固定。

(2)染色

①滴结晶紫—草酸铵染液于涂片上，染色 1 min。

②倾去染液，水洗。

③加鲁戈尔碘液处理 1 min。

④倾去碘液，水洗，吸水纸吸干。

⑤用 95%的乙醇溶液洗脱染液约 30 s；吸干后，滴加复染剂复染 10~30 s。

(3)水洗、吸干镜检

倾去染液，水洗，吸水纸吸干后置于油镜下观察。阳性反应的细菌被染成紫色，阴性反应的细菌被染成红色。注意：涂片菌液不能太浓，褪色时间也要严格把握，否则易出现假阳性或假阴性的结果。

取苹果根癌病菌和梨火疫病菌的新鲜培养物，按上述步骤进行革兰氏染色，观察染色结果。以金黄色葡萄球菌和杉木细菌性叶枯病菌分别做阳性和阴性对照。

2. 鞭毛染色

细菌鞭毛很细(直径只有 0.02~0.03 μm)，未经特殊处理的鞭毛在光学显微镜下无法观察，鞭毛仅在沉积了染剂或银盐后才能观察到。但是染剂也可以在载玻片上沉积，如果载玻片上沉积染剂太多，也会影响鞭毛染色效果。为此所用载玻片一定要用特殊方法严格洗涤。染剂处理一定要严格掌握时间，处理时间太短，鞭毛上没有足够的沉积物，看不清楚；处理时间太长，玻片上沉积物太多，也看不清楚。另外，菌龄十分重要，培养时间不足或太长都不易成功染色。总之，鞭毛染色比较困难，必须严格掌握每个操作环节。具体操作步骤如下：

(1)载玻片准备

选择光滑无裂痕的新载玻片。

(2)菌悬液的配制

供染色用的菌种，使用前每隔 1~2 d 转移一次，连续转移几次进行活化，以增强细菌的活性。取经活化并在 16~28℃恒温箱中培养 16~18 h 的核桃细菌性黑斑病菌或梨火疫病菌斜面，加入 3~5 mL 先经恒温箱预热的无菌水，静置 10~20 min，使细菌游出配成稀薄的菌悬液，注意静置的时间不能太长，因为时间过长可能导致鞭毛脱落，染色固定前可在镜下观察其游动性。

(3)涂片

用移菌环取配好的菌悬液 2~3 环于洁净的载玻片上，立即将玻片直立，使菌液流下展开，在玻片上遗留并形成菌悬液膜，在空气中自然干燥固定，勿用火焰固定。

(4)染色

①滴加媒染液 A，染色 4~6 min；用蒸馏水充分洗净。

②用媒染液 B 冲去残留的水，再加媒染液 B 于载玻片上，在酒精灯火焰上加热至有蒸气产生，维持 30~60 s(加热时应随时补充蒸发掉的染液，不可使载玻片出现干涸区)。

③立即用蒸馏水轻轻冲洗，空气中自然干燥固定后镜检。菌体呈现深褐色，鞭毛呈现浅褐色。

④取苹果根癌病菌和梨火疫病菌的新鲜培养物，按上述步骤进行鞭毛染色，观察染色结果。

3. 培养性状观察

单个菌体在光学显微镜下呈透明状或黄白色，很难观察到细微形态。但在固体培养基上，单个菌体能够较快地繁殖并产生肉眼可见的黏稠状物，称为菌落(colony)。不同细菌菌落的形态、大小、颜色都有差异，有圆形、椭圆形或不规则形，直径大小 0.2 mm 至几厘米。菌落的边缘为光滑、波浪形或齿状，菌落表面呈扁平、突起或皱缩状。多数种的菌落呈乳白色、灰色或黄色。有些种在培养基中可产生色素，如荧光假单胞杆菌。

取培养皿中培养的桑细菌性疫病菌、核桃细菌性黑斑病菌、苹果根癌病菌和梨火疫病菌等，注意观察菌落颜色、大小、质地，是否产生荧光色素等。

【作业与思考】

1. 请结合林木病原细菌中假单胞杆菌属、黄单胞杆菌属、土壤杆菌属、欧文氏杆菌属和棒状杆菌属的主要性状，填写表 1-3。

表 1-3 林木病原细菌的主要性状

性状	假单胞杆菌属	黄单胞杆菌属	土壤杆菌属	欧文氏杆菌属	棒状杆菌属
菌体形状					
鞭毛					
革兰氏染色					
菌落特征					

2. 简述革兰氏染色的基本原理及意义，分析革兰氏染色成功的关键因素。
3. 革兰氏染色实验中为什么要用已知的阳性和阴性细菌做对照？
4. 细菌鞭毛染色有什么意义？染色过程中应注意哪些问题？
5. 鞭毛染色中细菌的培养时间为什么不能超过 24 h？

实验 9　林木病原线虫形态特征及所致病害症状观察

寄生植物的线虫称为植物寄生线虫或植物病原线虫，简称植物线虫，是引起林木病害的重要病原物之一。有些种类的植物线虫还可传播真菌、病毒和细菌，或者引起复合侵染，造成巨大的经济损失。线虫的外部形态特征主要包括形状、大小、体壁构造、头部以及尾部特征；内部形态特征则包括消化系统、生殖系统、神经系统和排泄系统的形态，这些外部和内部形态特征是植物线虫重要的分类依据。危害林木的植物线虫称为林木病原线虫，对这些线虫进行形态观察以及快速准确地种属鉴定是科学制定防治策略的前提，对于线虫引起的林木病害治理具有重要意义。

数字图像

【目的与要求】

1. 了解主要林木病原线虫的基本结构和形态特征。

2. 掌握从发病组织中分离林木病原线虫的基本方法。

【实验准备】

1. 实验材料

①伞滑刃属线虫：松材线虫(*Bursaphelenchus xylophilus*)圆尾型和尖尾型、拟松材线虫(*B. mucronatus*)欧洲型和东亚型。

②根结线虫：南方根结线虫(*Meloidogyne incognita*)、北方根结线虫(*M. hapla*)、爪哇根结线虫(*M. javanica*)和花生根结线虫(*M. arenaria*)。

③发病组织：感染根结线虫病的葡萄病根、病土；感染松材线虫的病枝或干等。

④试剂：FAA 固定液或 TAF 固定液。

2. 实验器具

漏斗分离装置、漂浮分离装置、浅盘分离装置、纱布或铜纱、计数皿或培养皿、小烧杯、小玻管、旋盖玻璃瓶、40 目和 325 目网筛、线虫滤纸、餐巾纸、挑针、竹针、毛针、毛笔、普通光学显微镜、移液器、酒精灯、载玻片、盖玻片、蒸馏水、吸水纸等。

【实验步骤】

1. 林木病原线虫的分离

林木寄生线虫主要存在于土壤和植物组织中，其个体很小，除极少数可从植物组织中直接挑出以外，绝大多数需借助特定的工具和方法才能获得。线虫的分离主要是利用其趋水性、大小、密度与其他杂质的差异，采用过筛、离心、漂浮等措施将线虫从植物组织、土壤中分离出来。

(1)直接观察分离

对于个体较大的线虫(如根结线虫、孢囊线虫、粒线虫的雌虫等)，可直接用挑针从植物组织中挑取，也可在解剖镜或手持放大镜观察下直接挑取，对于虫体稍小的线虫(如茎线虫、粒线虫的雄虫和幼虫等)，需在解剖镜下用竹针或毛针直接挑取。

取葡萄根结线虫病病根材料(若是干材料需用水浸过夜)，剥开皮层，观察里面是否有针头大小、乳白色发亮的颗粒物。用挑针挑取，置于凹玻片上的水滴中，在解剖镜或显微镜下观察是否为根结线虫雌虫。

松材线虫的分离

(2)贝尔曼漏斗法

①将直径 10~15 cm 的玻璃漏斗置于铁架上，下面接一段长约 10 cm 的橡胶管，橡胶管上装一个止水夹(图 1-48)。

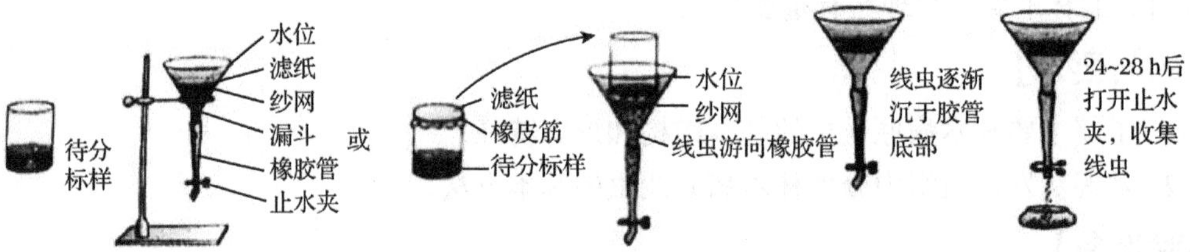

图 1-48 贝尔曼漏斗法分离线虫

(段玉玺，2011)

②将带虫土壤或切碎的感病植物材料用双层纱布或餐巾纸包好，也可在漏斗内衬放一个用细铜纱制成的漏斗状网筛，将植物材料直接放在网筛中，分离土壤线虫时需在网筛上放一层纱布或多孔疏松的纸，上面加一层土样。

③漏斗中加蒸馏水，静置 24 h。由于趋水性和自身的重量，线虫沉降到漏斗底部的橡皮管中。

④打开弹簧夹，慢慢放出底部约 5 mL 水样于培养皿内。在解剖镜下观察分离到的线虫。若线虫数量太少，可将水样倒入离心管中，1 500 r/min 离心 3 min，倒掉上层清水，将下层沉淀物悬浮后倒入记数皿或培养皿中，在解剖镜下观察记数，或将线虫用毛针或毛笔挑入盛有固定液的小玻璃管中备用。

取 15~20 g 松材线虫病植物组织剪成火柴棒状，采用贝尔曼漏斗法分离松材线虫，使用移液器小心吸取离心管底部沉淀液体至载玻片上，镜检。

(3)培养分离法

对于用漏斗分离法不易分离的线虫，如根结线虫和孢囊线虫的雄性成虫等，可采用培养分离法。

将病根采回后洗去表面土粒，放在培养皿中湿润的滤纸上培养 3 d，用少量蒸馏水冲洗组织和皿底，检查水中线虫。或将组织放在有螺旋盖的玻璃瓶中，加入几毫升蒸馏水，盖不要旋紧，在室温(20~25℃)下培养 3 d，然后加 50 mL 蒸馏水，盖紧盖子并轻轻振荡，后倒出悬浮液使其顺序通过 40 目和 325 目网筛，用小水流轻轻冲洗 325 目网筛背面，液体收集到记数皿或烧杯中，直接检查或离心后检查。

(4)浅盘分离法

在 10 目筛网下安装盛水盘，筛网与盛水盘底部保持一定距离。将线虫滤纸放在筛网上，用水淋湿，上面再放一层餐巾纸，将待分离的土样或植物材料放在餐巾纸上，向盛水盘加水，水面保持刚没过土样或植物材料，在室温(20~25℃)下保持 3 d，去掉筛网后，将下面浅盘中的水样过双层筛(上层为 25 目，下层为 400 目)，将下层筛上的线虫用小水流冲洗到记数皿中，观察记数。

2. 线虫的杀死、固定与保存

(1)线虫的杀死

①少量线虫：用毛针或竹针将线虫挑放在有水滴的载玻片上，水滴部分在酒精灯火焰上来回移动 3~4 次，使水滴温度升高，当弯曲的线虫突然伸直时立即停止加热。

②大量线虫：将线虫液放在培养皿中，加入等量的沸水；也可将盛有线虫液的玻管直接 60~65℃水浴 2~3 min，不断振摇使加热均匀，当线虫僵直时停止加热。

(2)线虫的固定与保存

在解剖镜下用毛针将杀死后的线虫移放到 FAA 固定液或 TAF 固定液中。线虫在 FAA 固定液中不宜保存太久，在 TAF 固定液中则可长期保存。线虫在固定过程中要逐步更换固定液，每隔 3~4 h 吸去约 1/2 的容积表层液，并加入新的固定液，连续换液 3~4 次后即可长期保存。

用移液器吸取含根结线虫的液体于洁净的载玻片上，将载玻片置于酒精灯火焰上方加热 3~5 s，杀死根结线虫，加盖盖玻片以制备临时装片。

3. 主要林木病原线虫形态特征观察

(1)伞滑刃属线虫重要种形态特征观察

伞滑刃属线虫雌雄均为线形，食道滑刃形，唇区较高且有明显缢缩。口针发达，基部略膨大。阴门一般位于体长 70%~80%处，阴门唇略突出或阴门前唇向后伸形成阴门盖。单卵巢前伸，卵母细胞一般 2~3 行排列(偶尔单行排列)。具发育不全的后阴子宫囊，长为体宽的 3~6 倍。尾形多变，一般圆锥形，有时细长，尾端钝圆或有尾尖突。雄虫尾强烈向腹面弯曲，虫体呈“J”形。尾端尖，具交合伞。肛门前、近肛门后有 6~7 个尾乳突。交合刺成对，分离，有些种类基部可能愈合。交合刺长 10~30 μm，通常喙突锐尖，基顶钝圆，有些种远端有盘状突，形态多变，是重要的分种依据(图 1-49)。

松材线虫和拟松材线虫同属伞滑刃属，在形态学和生物学特性等方面极为相似，但致病性却明显不同。松材线虫可引起松树枯萎病(pine wilt disease，PWD)，严重危害松林资源，往往给松林生态系统带来了毁灭性的破坏。而通常情况下，拟松材线虫被认为对松树无致病力或具有较弱的致病力。准确区分这两种线虫对松材线虫病的防治和检疫具有重要意义。

①松材线虫形态特征观察：根据尾形的特征，松材线虫进一步被划分为圆属型和尖尾

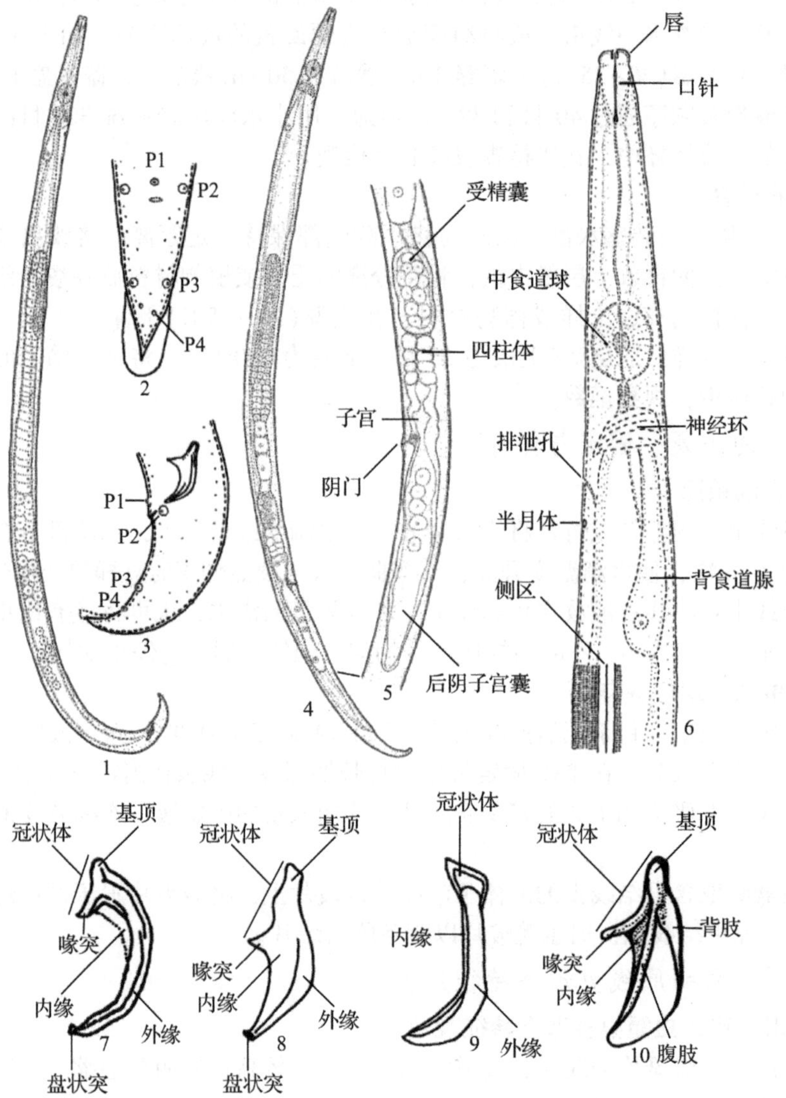

1. 雄虫；2. 雄虫尾腹面观(P1 为肛前第一个乳突；P2 为肛前一对乳突；P3 和 P4 为肛后 2 对乳突)；3. 雄虫尾侧面观；4. 雌虫；5. 雌虫生殖系统；6. 头部和食道；7~10. 交合刺。

图 1-49　伞滑刃属线虫的基本形态

(Kanzaki, 2008)

型，其各自的形态特征如下：

a. 松材线虫圆尾型：又称 R 型松材线虫(图 1-50)。雌虫死态直或略向腹面弯曲，阴门后腹弯更明显，有时呈开阔的“C”形；长约 1 mm，宽约 20 μm；唇区高，缢缩显著；口针细长，基部略增厚；中食道球卵圆形，占体宽的 2/3 以上，瓣门清晰；食道腺细长，覆盖于肠背面，长为体宽的 3~4 倍；排泄孔的开口大致和食道与肠交接处平行，有时更靠前，但不超过中食道球前缘；半月体在排泄孔后约 2/3 体宽处；单卵巢前伸，卵母细胞通常单行排列；阴门开口于虫体中后部约 74%处，阴门盖显著；后阴子宫囊长约为阴肛距的

3/4；尾部亚圆柱形，末端宽圆，少数有微小的尾尖突(不超过 2 μm)。雄虫死态呈“J”形，尾端尖细，侧观呈爪状，尾端腹面观可见交合伞，多呈卵圆形，形态多变；交合刺大，弓形，成对，喙突锐尖，交合刺远端具盘状突；尾乳突 7 个，1 对位于肛门前，1 对位于肛门旁，另 2 对位于交合伞起始处。主要鉴定特征：雄虫交合刺较大(长约 30 μm)，弓形，喙突锐尖，远端有盘状突；雌虫具明显的阴门盖，尾亚圆柱形，末端钝圆，无尾尖突(有时少数个体有微小的尾尖突，不超过 2 μm)。

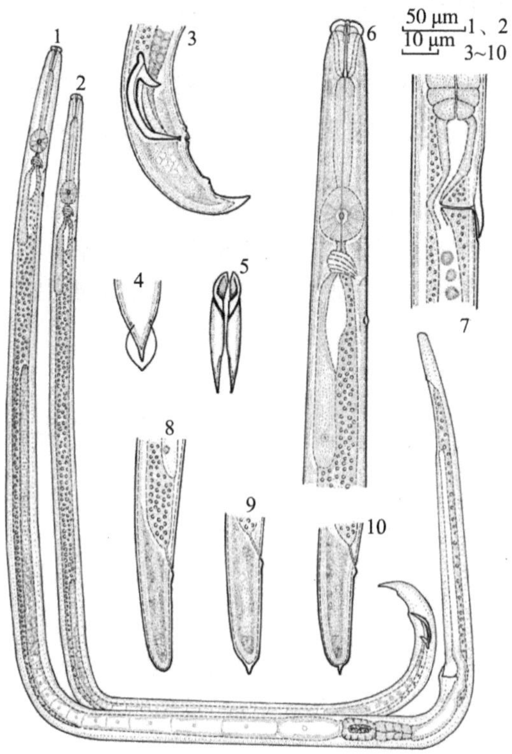

1. 雌虫；2. 雄虫；3. 雄虫尾部及交合刺；4. 交合伞；5. 交合刺腹面观；
6. 头部；7. 阴门及阴门盖；8~10. 雌虫尾。

图 1-50　松材线虫圆尾型的基本形态

(Mamiya et al., 1972)

b. 松材线虫尖尾型：又称 M 型松材线虫。雌虫虫体较细长，向腹面稍弯曲；体环细，侧线 4 条；唇区高约 3.3 μm，宽 7.4 μm，缢缩明显，唇瓣 6 片；口针长 13.7~16.2 μm，锥部尖细，长度接近口针长的 1/3，杆部略粗，基部略膨大。中食道球卵圆形，瓣门清晰，位于中食道球中部；排泄孔位于中食道球后 5~22 μm，或更靠前，但不超过中食道球前缘；半月体位于排泄孔 9~15 μm；食道腺长叶状从背面覆盖肠，长约 4 倍体宽；卵巢伸展，两行排列；受精囊长卵圆形或不规则，有时含圆形精子；阴门位于体长的 71.2%处，具明显的阴门盖；后阴子宫囊长约 140 μm，略大于肛阴距的 1/2，尾亚圆柱形，端生明显的尾尖突，长一般小于 3 μm。雄虫虫体前部与雌虫相似，热杀死后虫体尾部弯成钩状；精巢前伸，长约 429 μm；交合刺较大，弓形，长约 24 μm，喙突锐尖，远端有盘状突，尾强烈向腹面弯曲，爪状，具端生交合伞，呈平铲形或卵圆形。主要鉴定特征：与 R 型松材线虫非常相似，主要区别是其所有雌虫个体均有明显的尾尖突，平均长度不超过 3 μm，多数在 2 μm 左右，且该尾尖突经灰葡萄孢人工培养后不消失。

使用移液器吸取含松材线虫的液体滴在洁净载玻片上，将载玻片置于酒精灯火焰上方加热 3~5 s，杀死松材线虫，加盖盖玻片制备临时装片；或直接取永久装片，显微镜下观察松材线虫的口器、中食道球、阴门和阴门盖、交合刺及尾部等形态特征，边观察边绘制形态图。

②拟松材线虫形态特征观察：拟松材线虫也分为 2 种类型，分别为欧洲型和东亚型，其各自的形态特征如下：

a. 拟松材线虫(欧洲型)：与 M 型松材线虫十分相似，主要区别是雌虫尾尖突长度较 M 型松材线虫更长，平均达 4 μm，并且很少有小于 3 μm 的个体，而 M 型松材线虫则多数不超过 3 μm。

b. 拟松材线虫(东亚型)：与 M 型松材线虫及欧洲型松材线虫的主要区别是雌虫尾形。东亚型拟松材线虫雌虫尾圆锥形，尾尖突与尾几乎连续，缢缩不明显；欧洲型拟松材线虫尾尖突与尾端缢缩明显，雌虫尾亚圆柱形，尾尖突与尾端缢缩明显(图 1-51)。

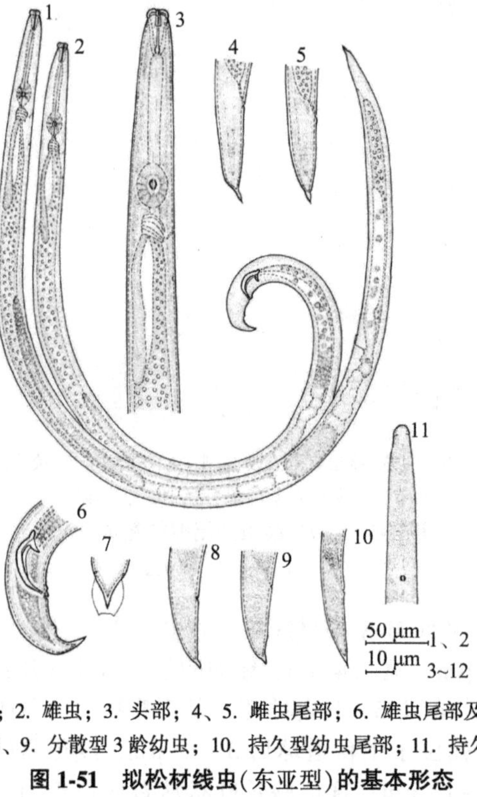

1. 雌虫；2. 雄虫；3. 头部；4、5. 雌虫尾部；6. 雄虫尾部及交合刺；
7. 交合伞；8、9. 分散型 3 龄幼虫；10. 持久型幼虫尾部；11. 持久型幼虫头部。

图 1-51　拟松材线虫(东亚型)的基本形态

(Mamiya et al.，1979)

③松材线虫与拟松材线虫的形态区别：松材线虫与拟松材线虫的主要形态区别在于雌虫的尾部形态特征，松材线虫雌虫尾部亚圆柱形，末端宽圆，无尾尖突或有一很小的尾尖突，其长度一般不超过 2 μm；拟松材线虫尾部圆锥形，有一明显的尾尖突，其长度一般超过 3 μm。

取拟松材线虫永久装片，显微镜下观察尾部形状、尾尖突等，注意其与松材线虫的区别。

注意事项：松材线虫是世界重大检疫性有害昆虫，因此，在观察结束后，必须将接触松材线虫的所有材料进行高温高压灭杀，最后按实验废弃物处理。

(2)根结线虫典型种形态特征观察

根结线虫属引起寄主根部形成瘿瘤或根结，常见的4个种为：南方根结线虫、北方根结线虫、爪哇根结线虫和花生根结线虫。该属线虫雌雄异形，根瘿中含有白色雌虫，雌成虫膨大呈球形，具突出的颈；头架弱，口针细，中食道球和食道腺发达；阴门位于虫体末端，双卵巢，多重卷曲，卵产出在尾末端外边的胶质卵囊内，卵囊往往变成褐色并含有数百个卵，常常突出到根结(虫瘿)外；雄虫一般呈蠕虫形，体长0.7~1.9 mm，侧区一般具4条侧线，尾部常扭曲90°以上，尾短、端圆，无交合伞。2龄幼虫呈蠕虫形，口针纤细，侧区一般具4条侧线，尾圆锥形、透明区短或不显著(图1-52)。

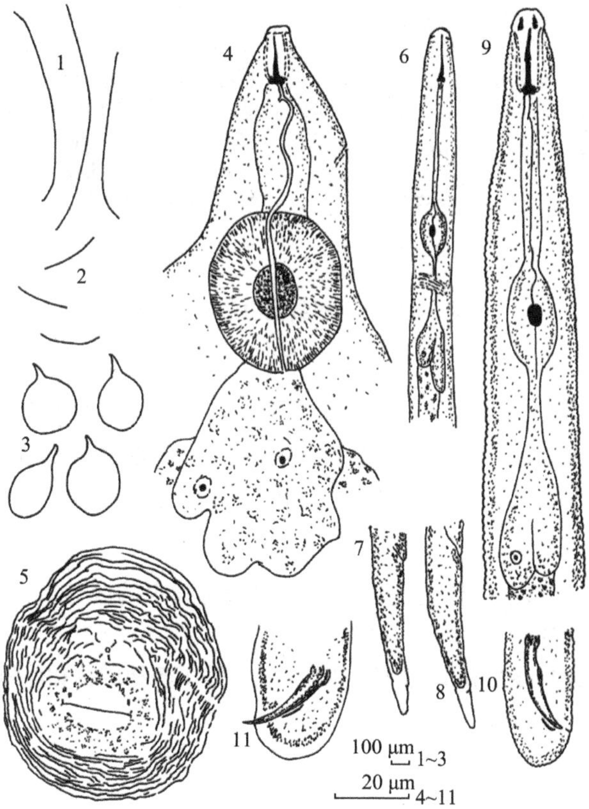

1. 雄虫形态；2. J2(2龄幼虫)形态；3. 雌虫形态；4. 雌虫前端(可见口针、背食道腺开口、排泄孔、食道球和瓣门)；5. 雌虫会阴花纹；6. J2前端；7、8. J2尾部；9. 雄性前端(可见口针、食道和排泄孔)；10、11. 雄虫尾部(示交合刺)。

图1-52　根结线虫典型种的基本形态

(Midmore et al., 2004)

①南方根结线虫(*Meloidogyne incognita*)：会阴花纹[图 1-53(a)]背弓明显高，背弓线纹平滑至波浪形，部分侧面线纹有分叉，但无明显的侧线(侧沟)，常有线纹向阴门弯曲。

②爪哇根结线虫(*Meloidogyne javanica*)：会阴花纹[图 1-53(b)]背弓近圆而扁平，其特征是背面线纹和腹面线纹在侧面被断开形成侧沟，很少或无线纹通过侧沟，一些线纹弯向阴门。

③花生根结线虫(*Meloidogyne arenaria*)：会阴花纹[图 1-53(c)]背弓扁平至圆形，背面线纹在侧线处稍有分叉，与腹面线纹相遇呈一定角度形成肩状突起，线纹平滑至波浪形。有的花纹可能有部分线纹向侧面延伸形成 1~2 个“翼”。有的种群会阴花纹发生变化与北方根结线虫或南方根结线虫相似。

④北方根结线虫(*Meloidogyne hapla*)：会阴花纹[图 1-53(d)]从近圆形的六边形至扁平的卵圆形。背弓低，侧线不明显。部分线纹也可能向侧面延伸成 1~2 个“翼”。线纹平滑至波浪形。最具特征性的是尾端还有刻点。

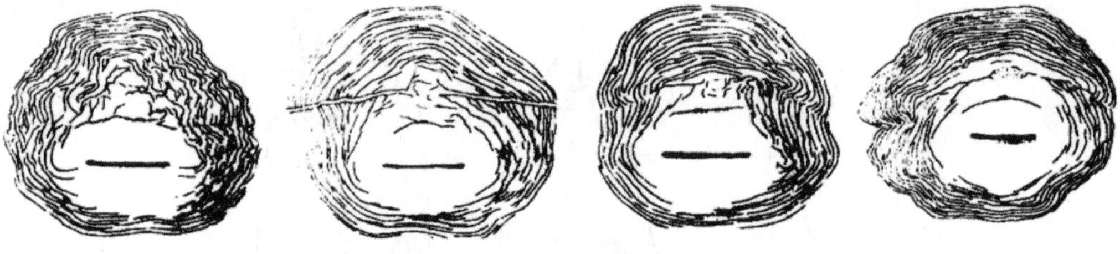

(a) 南方根结线　(b) 爪哇根结线虫　(c) 花生根结线虫　(d) 北方根结线虫

图 1-53　4 种根结线虫的会阴花纹

(Eisenback et al.，1981)

使用移液器吸取含根结线虫的液体，滴在洁净载玻片上，将载玻片置于酒精灯火焰上方加热 3~5 s，杀死线虫，加盖盖玻片制备临时装片；或直接取永久装片标本，显微镜下观察雌、雄成虫及侵染性 2 龄幼虫的头部、口针及会阴花纹形态；边观察边绘制形态图。

【作业与思考】

1. 根据显微镜观察结果，描述松材线虫和拟松材线虫的区分特征并绘制形态图。
2. 描述松材线虫雌虫、雄虫各自的形态特征。
3. 谈谈准确区分松材线虫和拟松材线虫对于维护我国森林健康和保障生态安全的意义。
4. 比较各种线虫分离方法的优缺点。

实验 10　林木病毒形态特征及所致病害症状观察

数字图像

林木病毒是一种分子状态的专性寄生物，没有细胞结构，主要成分是核酸和蛋白质，内部核酸由外部蛋白质(外壳或衣壳)包被，合称为核蛋白或核衣壳。有的病毒粒体中还含有少量的糖蛋白或脂类。

林木病毒病危害症状复杂。病毒侵染林木后能够引起外部形态产生明显的病变特征，称为外部症状，主要外部症状有变色、坏死和畸形等类型，同时在林木内部也引起细胞增生或减生、细胞内形成内含体等变化，称为内部症状。一些林木遭受病毒侵染后，组织内部有一些结晶体或不定形的非晶体状出现，有的是由病毒颗粒聚集而成，而更多的是由林木细胞成分受病毒刺激后与病毒蛋白质共同组成的，常呈柱状、块状或层状排列，称为包涵体。大型包涵体可在光学显微镜下观察，小型包涵体在电子显微镜下才能看清。包涵体形态是诊断病毒病种类或病毒鉴定的重要参考。

【目的与要求】

1. 学习病毒粒体和病组织中内含体和粒体的观察方法。

2. 了解主要林木病毒的基本结构和病毒病症状特点，为进一步认识和控制病毒病害奠定基础。

【实验准备】

1. 实验材料

①林木病毒及相关资料：苹果花叶病毒病(AMV)、烟草花叶病毒病(TMV)、桑花叶型矮缩相关病毒病(MMDaV)、黄瓜花叶病毒病(CMV)、番茄蕨叶病毒病(TFLV)、番茄条纹病毒病(TSV)等材料，以及教学挂图、视频和图片等资料。

②内含体染液：鲁哥氏染色液(Lugol's 碘液，5%)；锥虫蓝液(锥虫蓝 0.5 g 溶于 100 mL 加热的 0.9 mol/L NaOH 作为原液，稀释 2 000~5 000 倍)；焰红(1%焰红水溶液)。

③其他：磷钨酸负染液(2%PTA，pH 6.0)、醋酸铀。

2. 实验器具

普通光学显微镜、透射式电子显微镜(TEM)、载玻片、盖玻片、电镜制片用铜网、微量喷笔、真空喷镀仪、镊子、刀片、剪刀、纱布、滴瓶等。

【实验步骤】

1. 林木病毒病害外部症状观察

林木病毒病害的主要外部症状如下：

(1)变色

变色分为不均匀变色和均匀变色两种类型。不均匀变色包括花叶、斑驳类型。病毒侵染后引起叶片不均匀褪绿称为花叶；斑驳指病叶上有褪绿斑点，边缘不明显，分布不均匀。均匀变色主要表现为褪绿和黄化，全株或部分器官表现为浅绿色或黄色。

观察苹果花叶病毒病标本，注意叶片颜色的变化特点。

(2)坏死

病毒危害引起的坏死常发生于叶、茎、果实等部位，表现为坏死斑、坏死条纹。

观察番茄条纹病毒病标本，注意不同的受害部位症状特点。

(3)畸形

病毒侵染后容易引起林木畸形。有的表现为局部组织或器官的变形，如卷叶、线叶、蕨叶、叶片皱缩、产生疱疹、耳状突起、增生等；有的表现为整个植株的矮缩、矮化、丛簇。

观察番茄蕨叶病毒病标本，注意观察病株不同部位的形态特点。

2. 林木病毒包涵体观察

某些林木被病毒侵染后，在病组织中产生的一种特殊结构，存在于细胞质或细胞核中，在显微镜下可以观察到，称为包涵体。不同属的林木病毒往往产生不同类型的包涵体，不定形包涵体通常是由病毒粒体和寄主细胞成分混合组成的，而晶体状包涵体一般是由病毒粒体整齐排列堆叠而成。包涵体的差异可作为某些病毒种属的鉴别特征之一。

取苹果花叶病毒病、烟草花叶病毒病、桑花叶型矮缩相关病毒病等病叶，用刀片在叶背叶脉切小口，用镊子轻轻撕下一小块表皮，平置于载玻片上的水或鲁哥氏染色液中，加上盖玻片，放在显微镜下检查，在表皮毛基部细胞中可见到病毒的晶状包涵体。如用锥虫蓝液染色，则细胞核在 30 s 内染成蓝色，内含体染成深浅不均的颗粒体，易于区别。用焰红染色，不用水洗，直接镜检，细胞核粉红色，包涵体鲜红色。采用同样的方法，以健康的叶组织作为对照，观察有无包涵体。绘制观察到的包涵体形态。

3. 林木病毒粒体形态特征观察

林木病毒的粒体分为圆球状、弹状、丝状与杆状四大类。病毒粒体形态的观察要在透射电子显微镜下进行。

将病毒样本涂布在被有 Formvar 薄膜的铜网上，经喷金、喷碳和磷钨酸负染液(2% PTA)处理后进行电镜观察，可观察到病毒粒体，拍摄粒体的照片，根据放大倍数计算粒体的长度与直径。

查看病毒样本制片示范过程的视频和图片，了解病毒粒体形态特征观察的步骤。

4. 主要林木病毒形态特征观察

(1)烟草花叶病毒属

典型种为烟草花叶病毒，粒体直杆状，直径 18 nm，长 300 nm；基因组核酸为一条(+)ssRNA 链，长 6.4 kb，分子质量 2×10^6 u；衣壳蛋白为一条多肽，分子质量 1.7×10^4 ~ 1.8×10^4 u(图 1-54)。

该属多数病毒的自然寄主范围广泛，危害茄科、十字花科、葫芦科及木樨科等植物，可无需媒介生物进行自然传播，如靠植株间的接触(或有时种子)传播，对外界环境的抵抗力强。

查看烟草花叶病毒照片和视频，了解其主要形态结构特征。

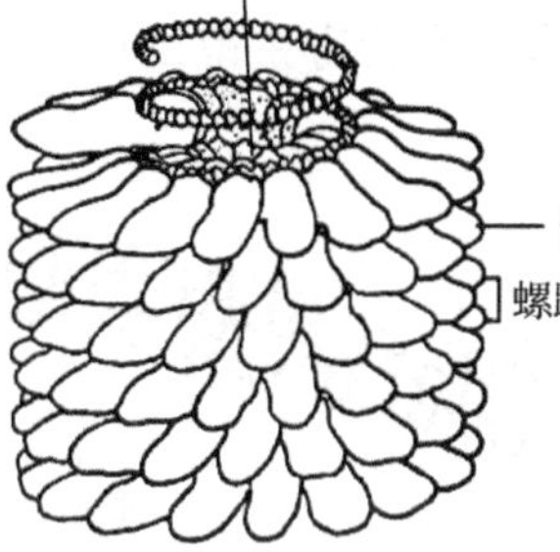

图 1-54 烟草花叶病毒的形态结构
(谢联辉等，2011)

(2)黄瓜花叶病毒属

黄瓜花叶病毒属包括黄瓜花叶病毒(CMV)、番茄不孕病毒(ToAV)和花生矮化病毒(PSV)。典型种是黄瓜花叶病毒：粒体球状，直径 28 nm，为三分体病毒，3 条基因组 RNA(RNA1、RNA2 和 RNA3)的分子质量分别为 1.3×10^6 u、1.1×10^6 u 和 0.8×10^6 u。衣壳蛋白的分子质量为 2.45×10^4 u，粒体中 ssRNA 含量为 18%，蛋白质为 82%，无脂质等物质。沉淀系数为 1×10^{-11} s。在 CMV 中，有时存在着卫星 RNA。卫星 RNA 的分子质量为 10×10^3 u，序列与 CMV-RNA 不同，必须依赖 CMV，且能影响 CMV-RNA 的复制。CMV 在自然界主要依赖蚜虫作为传毒媒介，不少与其他病毒复合侵染，从而使寄主症状更加复杂。

查看黄瓜花叶病毒照片和视频，了解其主要形态结构特征。

(3)欧尔密病毒属

病毒粒子杆状，是一组末端呈圆锥形、中部呈柱形的半二十面体粒子结构，直径 18 nm，无包膜。粒子由一系列双盘结构组成，最常见为 2 个盘构成长 30 nm 的粒子，其次是 3 个盘构成长 37 nm 的粒子，4 个盘构成长 45.5 nm 和 6 个盘构成长 62 nm 的粒子较少见。

该属多数病毒具有很广的寄主范围，通常引起系统性环斑、花叶和坏死症状，受害寄主如樱桃、甜瓜、木薯等(图 1-55)。

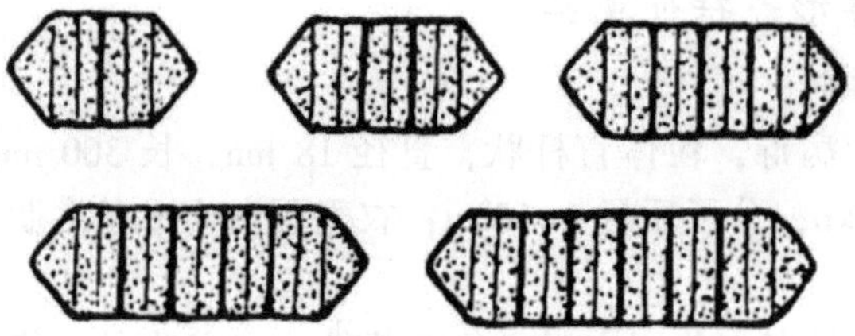

图 1-55　欧尔密甜瓜病毒的形态结构
（谢联辉等，2011）

(4)发形病毒属

病毒粒子为弯曲线状，长 640~700 nm，直径 12 nm，螺旋对称结构，螺距 3.4 nm，每转有 9~10 个蛋白亚基。用醋酸铀负染色后粒子表面具明显的交错横纹。

该属多数病毒的自然寄主范围有限，实验寄主范围中等，如丁香、苹果、樱桃(图 1-56)。

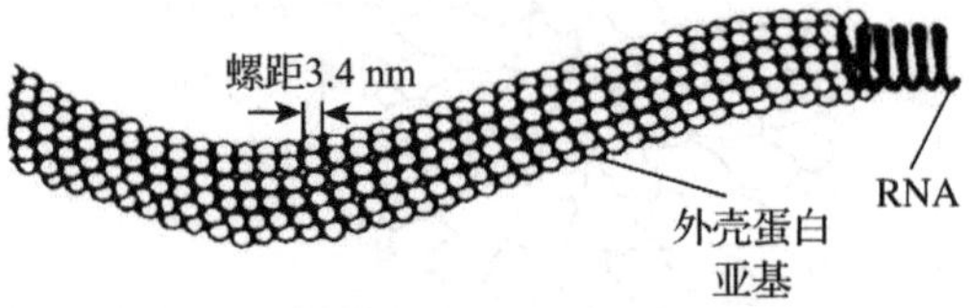

图 1-56　发形病毒属的形态结构
（谢联辉等，2011）

【作业与思考】

1. 绘制观察到的病毒内含体，思考内含体存在的生物学意义是什么？
2. 绘制烟草花叶病毒的结构图。
3. 病毒的内含体与寄主细胞核有什么区别？
4. 病毒病害分布广泛，其症状也与某些非侵染性病害相似，如何快速有效地区分病毒病害和非侵染性病害？

实验 11 林木病毒接种

林木病毒无主动侵染的能力，但可经机械摩擦、传毒介体及嫁接等途径进行传染。机械摩擦传染常发生于有病毒存在的表皮薄细胞内所谓花叶型病毒上，其机制是通过摩擦使健康寄主表皮薄壁细胞细胞壁和蜡质层造成微伤口，病毒经微伤口进入细胞而引起林木发病。介体传染是大多数林木病毒田间扩散的重要方式。介体在含有病毒的植株上取食后，病毒可进入其口针、食道，甚至体液循环系统。当其再迁移到其他健康植株取食时，就会把病毒传染到其他健康植株上。嫁接传染实质上是病毒在愈合的病健组织之间进行运转传导的结果，只要砧木或接穗带毒，嫁接成功后，系统侵染的病毒就会使嫁接苗全株带毒。

【实验目的】

1. 通过人工摩擦接种，学习常规的汁液接种法和关键技术。
2. 掌握介体接种植物病毒的关键技术。

【实验准备】

1. 实验材料

烟草花叶病毒(TMV)、心叶烟的健康幼苗、蚜虫(不带任何病毒的健康无翅蚜)

2. 实验器具

研钵和纱布(肥皂水清洗后，煮沸 15 min)、金刚砂(400~600 目)、洗瓶、人工气候箱、培养皿、毛笔、离心机、离心管、挂牌。

3. 实验试剂

10%的烯啶虫胺 1 000 倍稀释液、1%的磷酸氢二钾缓冲液等。

【实验步骤】

1. 汁液摩擦接种法

①提取病毒：采集典型烟草花叶病病叶，抽去主脉。剪成小块，称重后放入研钵中，加入等量磷酸缓冲液，研磨成匀浆。用双层纱布过滤，然后离心(3 000 r/min，30 min)，上清液即为病毒粗提液，待接种用。

②摩擦接种：取健康心叶烟幼苗，在叶片上面撒一薄层金刚砂，左手托住叶片的背面，右手食指蘸病毒汁液(双手须用肥皂洗净，并冲走肥皂液)，在撒有金刚砂的叶面上轻轻摩擦 2 次，立刻用洗瓶冲洗掉。接种完毕，挂牌注明病毒名称，接种方式、日期和接

种人。

另取健康幼苗，在叶面上撒一薄层金刚砂，以缓冲液代替病毒汁液重复上述操作，作为对照。

③培养及症状观察：将接种后的所有植株放在植物温室中培养，培养温度为25℃，相对湿度为75%，光周期为12 h/d，光照强度为2 000 lx。每2 d观察记录一次实验结果，注意观察接种叶和新叶上的症状是否相同。

2. 蚜虫传毒接种

①蚜虫收集及处理：用振落法从隔离的养虫笼中收集无翅蚜，使蚜虫跌落到大培养皿中，用毛笔蘸取蚜虫收集在三角瓶中，纱布封口，在20 ℃左右的温箱中使其饥饿4~6 h。

②蚜虫饲毒：将烟草花叶病的新鲜病叶摘下放在大培养皿中，用毛笔取出饥饿的蚜虫，将其抖落在病叶上取食。

③蚜虫传毒：待蚜虫在病株上取食10~15 min后，用毛笔轻触蚜虫尾部使蚜虫拔出口针后，将带毒蚜虫转移至健康的烟草植株的心叶上，用养虫罩罩住，24 h后喷洒10%的烯啶虫胺1 000倍稀释液杀死蚜虫，移去养虫罩。

④培养及症状观察：将接种后的所有植株放在植物温室中培养，培养温度为25℃，相对湿度为75%，光周期为12 h /d，光照强度为2 000 lx。每2 d观察记录一次实验结果，注意观察接种叶和新叶上的症状是否相同。

【作业与思考题】

1. 每人交接种植株1~2株，并完成实验报告1份。
2. 摩擦接种中为什么要在接种叶面上撒放金刚砂？对金刚砂的颗粒大小是否有要求？
3. 接种植物病毒还可以采用哪些方法？如何选择合适的方法接种植物病毒？

实验 12　其他林木病原物形态特征及所致病害症状观察

少数植物由于叶绿素缺乏或根系、叶片等器官退化而从其他林木上获取营养物质，营寄生生活，称为寄生性植物(parasitic plant)。大多数寄生性植物为高等的双子叶植物，可以开花结籽，因此又称寄生性种子植物。寄生性植物的寄主大多数是木本植物，少数是农作物或其他经济作物。寄主受害严重时，可全部被毁造成绝产。根据对寄主的依赖程度或获取寄主营养成分的不同，寄生性植物可分为全寄生(holoparasitism)和半寄生(semiparasitism)两类：从寄主上获取自身所需的所有生活物质的寄生方式称为全寄生，往往叶片退化，根为吸根，如菟丝子、列当等；仅存在水分依赖关系的称为半寄生或水寄生，叶片光合作用正常，根部退化为吸根，如桑寄生。

数字图像

螨类是蛛形纲的一类微小型节肢动物，广泛危害各种林木，严重抑制光合作用，使树体水分平衡失调、生长调节物质紊乱、植株畸形等，进而使林木生长停滞或延缓。

【目的与要求】

1. 熟悉主要寄生性植物的形态特征，理解和掌握其寄生方式和寄生结构特点。
2. 了解主要林木螨类的形态学特征。

【实验准备】

1. 实验材料

菟丝子(*Cuscuta chinensis*)、无根藤属(*Cassytha* sp.)、桑寄生(*Taxillus sutchuenensis*)、槲寄生(*Viscum coloratum*)、独脚金(*Striga* sp.)的挂图和标本，各寄生性植物吸器结构的永久装片。

山楂叶螨(*Tetranychus viennensis*)、苹果全爪螨(*Panonychus ulmi*)、柑橘瘤瘿螨(*Aceria sheldoni*)等挂图和标本。

2. 实验器具

普通光学显微镜、手持放大镜、载玻片、盖玻片、吸水纸等。

【实验步骤】

1. 寄生性植物形态和寄生结构特征观察

(1) 菟丝子

菟丝子为根寄生植物，全世界广泛分布，中国各地均有发生。主要寄生豆科、菊科、蓼科、杨柳科、蔷薇科、茄科、百合科、伞形科等木本植物。叶片退化为鳞片状，茎黄色或带红色；花小，白色或淡红色，簇生；蒴果开裂，种子2~4粒(图1-57)。

观看菟丝子挂图，观察菟丝子危害部位、茎的颜色和固着方式、叶片和果实的发育情况，以及果实内的种子的大小、形状和数量等。

检查标本，用手持放大镜观察菟丝子吸器着生处的痕迹。镜检吸根在寄主上横切面装片，注意观察菟丝子吸根的形状、寄生物与寄主的导管和筛管相连部位的结构情况并绘图。

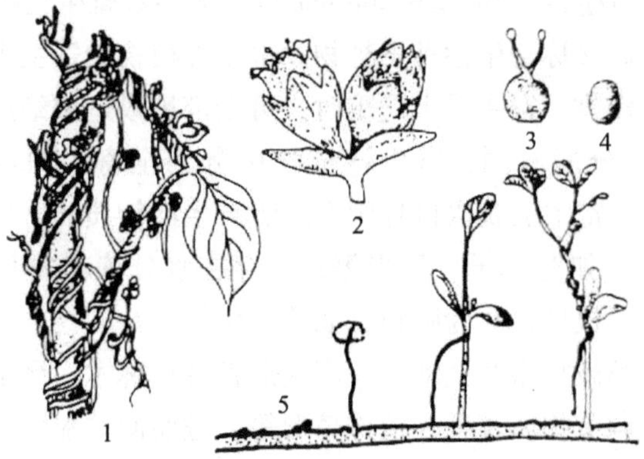

1. 危害状；2. 花；3. 子房；4. 种子；5. 菟丝子种子萌发及缠绕寄主。

图 1-57　菟丝子

(许志刚等，2021)

(2) 无根藤属

无根藤属植物为全寄生性缠绕杂草，盘状吸根。茎线形，较粗，可分枝，绿色或绿褐色；穗状或头状花序，花被筒陀螺状；蒴果，种子膜质或革质。主要危害林木。

观看挂图和视频，检查标本，观察形态特征，注意观察其与菟丝子的形态区别和寄生部位特点。

(3) 桑寄生

桑寄生为常绿寄生性小灌木，幼叶上有星状短绒毛，叶片两面光滑，花淡红色，浆果成熟后红色。主要寄生蔷薇科、山茶科、木兰科等林木。

观看挂图和视频，检查标本。观察其匍匐茎、吸盘侵入寄主的情况，注意观察是否有假根和次生吸根。

(4) 槲寄生

槲寄生为常绿寄生性植物，半寄生；茎圆柱形，二叉或三叉分枝，分枝处近互相垂

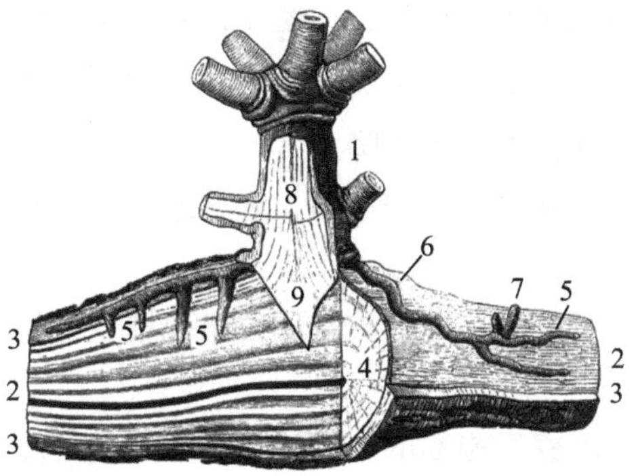

1. 寄生的基茎；2. 寄主木质部；3. 寄主皮层；4. 树干横切面；5. 次生吸根；
6. 假根；7. 假根分枝；8. 槲寄生皮层；9. 槲寄生的木质部。

图 1-58　槲寄生

（许志刚等，2021）

直，有明显的节和节间；叶对生，倒卵圆形至椭圆形，内含叶绿素(图 1-58)。寄主范围广，栗、蔷薇、杨柳、桦木、胡桃等科属植物均可受害。

观看挂图和视频，检查标本，观察其吸盘侵入寄主的情况。

2. 螨类形态特征及危害特征观察

(1)叶螨属

体中型，椭圆形。红色或黄绿色，体色常随季节而变化。背表皮纹纤细，后半体第三对背中毛之间和内骶毛之间表皮纹纵向，形成菱形图案；或后半体表皮纹全为横向，不构成菱形图形(图 1-59)。一般在植物的反面取食，喜结网，多在网下取食。

观看山楂叶螨挂图，检查标本。观察形态特点和叶片受害部位的情况。

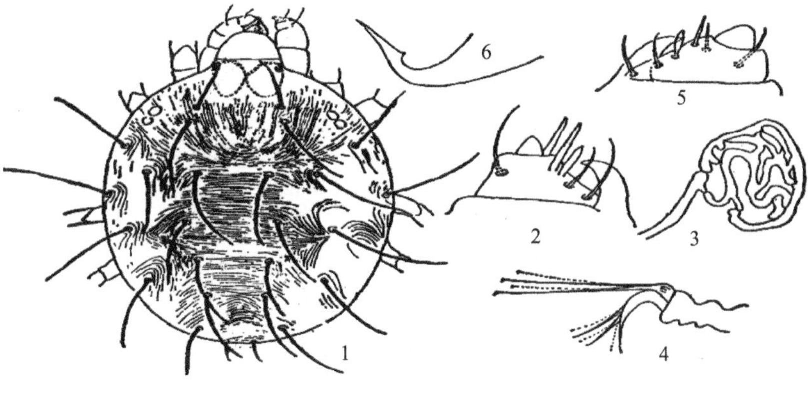

1. 雌螨背面观；2. 雄螨须肢跗节；3. 气门沟；4. 足 I 跗节爪和爪间突；5 雌螨须肢跗节；6. 阳具。

图 1-59　山楂叶螨

（王慧芙，1981）

(2)全爪螨属

体圆形，背部隆起。背毛粗壮，着生于粗大的突起上。肛毛和肛侧毛各 2 对。间突坚爪状，腹基侧具 3 对与爪间突垂直的针状毛，等于或短于爪间突的长度。足跗节具 2 对双毛，位于跗节端部。受害叶片在正面呈现失绿斑点，严重时致使叶片枯焦。在虫口密度过高而营养条件不利时，成螨常大批垂丝下降。

观看苹果全爪螨的挂图和视频，检查标本。观察形态特点和叶片受害部位的特点。

(3) 瘤瘿螨属

以成、若螨吸食植株组织汁液，叶片被害部位出现增生、增厚、畸形，形成形状多样的瘿瘤。

观看挂图，检查标本。观察瘤瘿螨的形态特点和叶片受害部位的特点。

【作业与思考】

1. 比较观察到的寄生性植物的形态特征，绘制吸根解剖形态图。
2. 思考寄生性植物的传播和扩展与其形态特征的联系。
3. 分析不同螨类的形态特点，找出其危害的异同。
4. 一种植物寄生在另一种植物上，这是生物的进化现象还是退化现象？

实验13 林木病原物分子鉴定

分子鉴定技术是指利用分子生物学和生物技术手段，通过对病原物含有的特异性DNA或RNA序列进行检测和分析，从而明确病原物的分类地位。分子鉴定技术的原理是利用模板DNA、引物和4种脱氧核糖核苷三磷酸(dNTP)在DNA聚合酶作用下发生酶促聚合反应(PCR)，扩增出所需目的DNA。这项技术不仅具有高灵敏度、高特异性、高准确度的优势，而且不受病原物生长环境的影响，操作简便、速度快、可重复性和自动化程度高，被广泛应用于病原物种类鉴定。本试验以真菌高度可变的内部转录间隔区(ITS)、细菌核糖体16S rDNA小亚基的V1~V9保守区和线虫核糖体28S DNA大亚基的D2/D3保守区为目标片段进行病原真菌、细菌和线虫的分子鉴定。

【实验准备】

1. 实验材料

①试剂：DNA/RNA提取试剂盒、PCR引物、2×PCR mix(带染料)、超纯水、琼脂糖、0.5×TBE电泳缓冲液、PBS缓冲液、载样缓冲液等。

②耗材：液氮、离心管、PCR管、枪头、一次性PE手套等。

2. 实验器具

研钵、通风实验台、小型高速冷冻离心机、药匙、微量移液器、水浴锅、漩涡振荡器、PCR仪、电泳仪、凝胶成像仪、护目镜等。

【实验步骤】

1. 病原物基因组提取(以试剂盒法为例)

基因组DNA提取试剂盒是一种包含了一系列化学试剂、核酸吸附柱和实验操作步骤的工具，通过细胞破碎、蛋白质去除、DNA沉淀、洗涤和溶解等一系列步骤从样本中快速、简便提取基因组DNA的产品。本实验以上海碧云天生物技术有限公司生产的基因组DNA小量抽提试剂盒(D0063，离心柱式)为例提取病原物基因组。

(1) DNA提取

①病原真菌总DNA提取(需自备无水异丙醇、氯仿、无水乙醇、DEPC水)：取真菌菌丝0.2~0.5 g，在液氮中迅速研磨成粉，置于1.5 mL无菌离心管中，加入1 mL裂解液，

室温孵育 5 min，使样品充分裂解。按每毫升裂解液加入 0. 2 mL 氯仿，Vortex 混匀或猛烈晃动 15 s，室温孵育 2～3 min，12 000×*g* 4℃离心 15 min(此时可见分层，分别为无色水相(上层)，中间层和红色有机相(下层)。去除上层的水相后，保留中间相和红色有机相(下层)。按每毫升最初的裂解液加入 0. 3 mL 无水乙醇，颠倒数次混匀，室温孵育 2～3 min，2 000×*g* 4℃离心 5 min 以沉淀 DNA。吸除上清后，用洗涤液Ⅱ洗涤 DNA 沉淀，每毫升最初的裂解液加入 0. 8 mL 洗涤液Ⅱ，室温孵育 30 min，期间轻柔颠倒混匀 2～3 次，2 000×*g* 在 4℃离心 5 min，弃上清；重复此步骤一次。按每毫升最初的裂解液加入 1. 5 mL 洗涤液Ⅰ洗涤 DNA 沉淀，室温孵育 10～20 min，期间轻柔颠倒混匀 2～3 次，2 000×*g* 4℃离心 5 min，弃上清。室温放置晾干 DNA 沉淀 5～15 min，无明显液体后，加入适量 DNA 溶解液溶解。所得液体即为纯化得到的总 DNA。

②病原细菌 DNA 提取(需自备溶菌酶和 10 U/μL 溶壁酶 Lyticase)：离心收集不超过 20×10^8 个细菌，弃上清。革兰氏阳性菌用 180 μL 溶菌酶溶液充分重悬细菌，37℃孵育 30 min 以裂解细菌。加入 20 μL 20 mg/mL 蛋白酶 K，涡旋混匀。加入 200 μL 样品裂解液 B，涡旋混匀，70℃孵育 30 min(不可把蛋白酶 K 直接加入样品裂解液 B 中)。加入 200 μL 无水乙醇，涡旋混匀。将上一步中的混合物加入 DNA 纯化柱内，8 000 r/min 离心 1 min，倒弃废液收集管内液体。加入 500 μL 洗涤液Ⅰ，8 000 r/min 离心 1 min，倒弃废液收集管内液体。加入 600 μL 洗涤液Ⅱ，约≥12 000 r/min 离心 1 min，倒弃废液收集管内液体。12 000 r/min 离心 1 min，去除残留的乙醇。将 DNA 纯化柱置于洁净的 1. 5 mL 离心管中，开盖通风橱内静置 5 min，以将乙醇挥发殆尽，加入 50～200 μL 洗脱液。室温放置 1～3 min。12 000 r/min 离心 1 min。所得液体即为纯化得到的总 DNA。

③病原线虫 DNA 提取(需自备 PBS 缓冲液)：收集最多不超过 10×10^4 条线虫，离心沉淀后重悬于 200 μL PBS 缓冲液中。清除 RNA(选做)。加入 4 μL 100 mg/mL RNase A，涡旋混匀。室温(15～25℃)放置 2 min。加入 20 μL 20 mg/mL 蛋白酶 K，涡旋混匀。加入 200 μL 样品裂解液 B，涡旋混匀。70℃孵育 10 min。加入 200 μL 无水乙醇，涡旋混匀。将上一步的混合物加入 DNA 纯化柱内。8 000 r/min 离心 1 min，倒弃废液收集管内液体。加入 500 μL 洗涤液Ⅰ，8 000 r/min 离心 1 min。倒弃废液收集管内液体。加入 600 μL 洗涤液Ⅱ，12 000 r/min 离心 1 min。倒弃废液收集管内液体，12 000 r/min 离心 1 min，去除残留的乙醇。将 DNA 纯化柱置于一洁净的 1. 5 mL 离心管内，开盖通风橱内静置 5 min，以将乙醇挥发殆尽，加入 50～200 μL 洗脱液。室温放置 1～3 min。12 000 r/min 离心 1min。所得液体即为纯化得到的总 DNA。

(2) DNA 琼脂糖凝胶电泳检测

①制备 0. 8%琼脂糖凝胶：称取 0. 24 g 琼脂糖加入 30 mL 0. 5×TBE 电泳缓冲液中，在沸水浴中加热至琼脂糖完全融化。溶液冷却至 55℃后，缓缓倒入制胶板中，厚度 3～5 mm，室温下自然凝固。

②完全凝固后取下梳子，将胶板放入盛有 0. 5×TBE 电泳缓冲液的电泳槽中。

③混合 DNA 样品和相应体积的载样缓冲液。

④用微量移液器将混合好的 DNA 样品缓慢加入加样孔中。

⑤电泳：电压保持在 60～80 V，电流保持在 40 mA 以上。

⑥核酸染色：电泳结束后，将凝胶放入 0.5 μg/mL 的核酸染料溶液中染色 10 min，然后于凝胶成像仪中观察电泳谱带。

注意事项：制胶时，琼脂糖最好融化两次，以保证所制凝胶均匀；加样时，不能将枪头插入凝胶底部，以免渗漏样品；操作时要戴一次性 PE 手套。

2. 病原物 DNA 片段 PCR 扩增

(1)基因 PCR 引物

①真菌通用引物：

引物名称	引物序列(5′→3′)	退火温度 T_m−5/℃
ITS1	CCGTAGGTGAACCTGCGG	56
ITS4	GGAAGTAAAAGTCGTAACAAGG	

②细菌通用引物：

引物名称	引物序列(5′→3′)	退火温度 T_m−5/℃
27F	AGAGTTTGATCCTGGCTCAG	55
1492R	GGTTACCTTGTTACGACTT	

③线虫通用引物：

引物名称	引物序列(5′→3′)	退火温度 T_m−5/℃
D2A	ACAAGTACOGTGAGGGAAAGTTG	55
D3B	TCGGAAGGAACCAGCTACTA	

(2)基因 PCR 反应体系

μL

组分	50 体系	25 体系
10×Ex Taq buffer	5.0	2.5
2.5 mmol/L dNTPs Mix	4.0	2.0
10p Primer 1	2.0	1.0
10p Primer 2	2.0	1.0
Template	2.0	1.0
5U ExTaq 酶	0.5	0.25
ddH_2O	34.5	17.25
总量	50.0	25.0

(3)基因 PCR 反应程序

在 PCR 仪上进行扩增，程序如下：

①预变性：94℃ 5 min

②变 性：94℃ 40 s

③退 火：T_m−5 40 s

④延 伸：72℃ 60 s*

（②～④：30～35 循环）

⑤延　伸：72℃　　　　　　　　10 min

⑥保　温：4℃　　　　　　　0～∞ min#

注：T_m 为 DNA 双螺旋结构的熔解温度，不同基因片段退火温度参照上表；* 表示扩增 1 000 bp 基因片段时间为 60 s，可根据所扩增基因片段长度调整延伸时间；#临时 4℃保存 PCR 产物，长时间低温运行将损坏 PCR 仪。

反应结束后，PCR 扩增产物经 0.8%琼脂糖凝胶电泳，检测产物是否存在。需注意：对测序结果的准确性与可靠性要求高的 DNA 片段，可对 PCR 扩增产物进行回收纯化处理后再行测序，该步骤可有效去除反应体系中残留的引物二聚体、非特异性扩增片段等杂质，避免其对测序数据质量产生干扰，从而保障目标序列读取的精确性。

3. 病原物基因测序与比对

(1)基因测序

PCR 扩增产物的测序工作由基因测序公司完成。

(2)构建序列进化树

测序结果在 NCBI 数据库中进行 Nucleotide BLAST 同源性序列比对。根据 BLAST 比对结果选择序列相似性较高的序列，用 MEGA6.0 软件构建系统进化树。采用 neighbor-joining 法，bootstrap value 设置为 1 000。通过系统进化发育相似性以及 GenBank 序列相似性结合菌落形态学确定病原微生物的分类地位。

①序列准备：通过测序获得需要鉴定的目标菌株的序列信息，一般细菌测 16S rDNA(全长约 1.5 kb)，真菌测 ITS 序列(500～750 bp)。

②将序列上传至 NCBI 数据库与已知菌种序列进行比较(以细菌的 16S rDNA 序列为例，需要 FASTA 格式)：打开 NCBI 官网(https://www.ncbi.nlm.nih.gov/)，点击右侧的 BLAST，选择 Nucleotide BLAST，进入比对页面(16S rDNA 序列比较也可以通过 EzBioCloud 数据库进行比对)。

③在 blastn 选项下面粘贴比对的序列(粘贴的序列中间不能有空格)。

④点击 BLAST 进行序列比对(需要一定时间，页面隔几秒刷新一次)。

⑤根据比对结果筛选并下载 10～12 条比对序列。筛选规则：与提交序列相似度最高的一条或多条 16S 序列即我们所提交序列的匹配结果(菌种鉴定时，16S 序列比对结果在属水平上具有说服力，所以会显示有多个同属但是不同种的结果，这说明我们的菌种属于该属，至于是什么种还需要通过功能基因进行进一步鉴定)。由于提交的序列全长约 1 500 bp，所以筛选过程中尽量选择与之长短相差较小的模式菌株序列，实在找不到与之长度相当的，尽可能选择全基因组序列，数量为 10～13 条(一条相似度大于 98.6%的以及其他相似度小于 98.6%的)，且相似度最好不要集中在很小的一个范围内(集中作图效果欠佳)。

⑥选中序列后下载 FASTA 格式的 .txt 文档即可。

⑦利用 MEGA 软件进行多序列比对。具体步骤如下：

a. 数据整理：将实验序列和下载的序列整理到一起，然后下载一条与比对结果显示的属同属一科的远缘属加入其中作为外群。

b. 序列对比：打开 MEGA 软件，点击 Align，选择 Create a new alignment，点击 OK，

然后根据需要选择核酸(DNA)或者蛋白质(Protein)，然后在弹出的窗口中直接复制粘贴准备好的序列，也可以选择 Insert Sequence From File，选择序列文件(可多选)。序列文件加载之后呈蓝色背景(选中状态)，点击 W 选择 Align DNA(核酸序列)或者 Align protein(氨基酸序列)，在弹出的窗口中设置参数(一般默认即可，无需修改)，点击 OK，开始序列比对。

c. 序列对齐：比对完成后，需要截齐两端含有 * 的序列，选中无 * 或者上面标有 ~ ~ ~ 的序列，点击 Delete 删除即可，截齐之后保存文件为：filename. mas。

d. 构建系统发育树准备：多序列比对窗口点击 Data，选择 Phylogenetic Analysis，弹出窗口询问：所有序列是否编译蛋白质，根据实际情况选择 Yes 或 No。

e. 返回 MEGA 主界面构建系统发育树：MEGA 主界面点击 Phylogeny，选择 Construct/Test Neighbor-Joining Tree，弹出的对话框询问：是否使用当前激活的数据，选择 Yes。这时弹出建树参数设置对话框，根据实际需要设置即可，然后点击 Compute，完成建树弹出建好的系统发育树。

f. 发育树美化：将上述构建的系统发育树复制粘贴至 Word 或者 PPT 进行美化。

【作业与思考】

1. 任选一种未知病原真菌、细菌进行分子鉴定并构建系统发育树。
2. 小组讨论实验过程中需注意的问题及实验心得。
3. 利用 16S rDNA 序列鉴定细菌具有哪些优缺点？
4. 查资料，学习可用于植物病原真菌鉴定的分子条形码。
5. 植物病原物鉴定时，经典方法和分子生物学方法各有何特点，如何合理应用？

实验14　植物病原物致病性验证及鉴定

植物病害的发生严重阻碍了农林业的发展，明确植物病原物是进行植物病害防治的前提。植物病原物的准确鉴定涉及病原物的分离、纯化、培养、接种、致病性验证、形态学鉴定和分子生物学鉴定等一系列操作，操作复杂，周期长，成本高。而基于传统的实验教学体系，难以开设系统性的综合实验项目。随着"慕课""在线课程"等数字教学形式的广泛应用，采取虚拟仿真方式指导学生掌握难以直接操作的实验实践环节成为完善学生动手能力培养的快速有效的途径。通过虚拟仿真教学实验系统，学生可以通过反复操作掌握实验技能，不仅可节约成本，实现"绿色"实验教学，增加学生的实验时间，还可确保实验项目的典型性、完整性和系统性，为学生以后从事相关工作奠定基础。

【目的与要求】

1. 掌握植物病原物致病性验证的基本原理和方法。

2. 了解专性寄生菌和非专性寄生菌营养方式的异同及培养方式的差异。

3. 掌握林木病害的诊断识别要点，了解林木病害病程发展的过程。

4. 掌握林木病害病原物分离鉴定原理和实际操作技术，能够采用科赫法则确定目标病原物的致病性，熟练掌握林木病原物的形态学和分子生物学鉴定方法。

【实验准备】

1. 硬件设备

带有独立显卡的便携式计算机或台式计算机，连接互联网。初次进入虚拟仿真试验系统时，需按提示安装 U3D Webplayer 5. 3. 8 插件，插件下载链接会自动弹出。

2. 软件平台

浏览器：360 极速浏览器。

教学平台：西北农林科技大学虚拟仿真实验教学平台（https：//xunifangzhen. nwafu. zdu. /edu-platform/front）。

【实验步骤】

该虚拟仿真实验系统选取了两种典型林木病害：圆柏—海棠锈病（专性寄生性病害）和花椒干腐病（非专性寄生性病害），设置了症状识别、病原性验证、病原物的形态学鉴定和分子生物学鉴定4个实验模块（图1-60），涉及症状的田间观察、病原物的分离培养或采

图 1-60　植物病原物致病性验证及鉴定虚拟仿真实验系统

集、科赫法则的实施、病原物菌落特征描述、病原物显微结构观察、病原物 DNA 提取及 ITS 测序等交互性实验操作。

进入平台后，注册账号并登录实验空间，查找“植物病原物的致病性验证及鉴定虚拟仿真实验”，点击“开始实验”，根据提示即可开始。具体操作步骤如下：

①进入虚拟仿真实验系统，点击实验主页的相应模块，了解实验目的、实验原理和系统介绍。完成后关闭小窗口，开始实验。

②选取两种典型的林木病害系统：专性寄生性病害（圆柏—海棠锈病）和非专性寄生性病害（花椒干腐病）。这两种病害的区别在于病原物能否进行人工培养，因此，病原物的致病性验证部分有所差异，可根据实验窗口最下面的文字提示进行操作。在实验操作过程中，通过使用键盘上的上、下、左、右箭头按键来移动靠近目标。可点击其中任何一种病害进行实验，在完成其中一个实验的所有实验环节后，返回上一界面可进行另一种植物病害的实验。

③在完成一种植物病害的所有实验环节后，界面自动弹出相关的测试选择题，完成后即可结束实验，点击“返回”后到主界面，然后再点击“退出”，系统会自动弹出“是否提交实验数据”，点击“确定”后即可退出该实验系统。

④教师可后台监控学生操作步骤，并设置不同的参数考查学生。学生的操作过程可在关键步骤处进行记录，教师可进行详情查看。在操作过程中，学生可以通过互动平台与教师进行互动讨论。学生完成虚拟实验后，综合评价系统会自动生成对应其账号的虚拟仿真实验报告，报告中会给出每名学生对应的实验信息，教师可以教师的身份登录系统查看虚拟仿真实验报告并对实验进行评分。

【作业与思考】

1. 总结该虚拟仿真实验操作过程中出现的问题。
2. 谈谈该虚拟仿真实验操作系统的优缺点。
3. 该虚拟仿真实验对学习专业知识和技能有哪些促进作用?
4. 举例说明科赫法则实验中所采用的植物病理学实验技术。

实验 15　松材线虫病诊断及线虫致病性测定

松材线虫病是松材线虫寄生引起的一种毁灭性松树病害。我国于 1982 年首次在江苏南京发现该病害，40 余年来已先后在多地暴发流行，对我国生物安全、生态安全和森林资源可持续利用构成重大威胁，目前尚无经济有效的防治措施。及早发现染病松树、及早拔除病株，是该病防控的核心环节，及时准确进行诊断是其中关键。然而，由于受时间、季节、地域及病害高风险性等诸多因素的限制，很多高校无法开展松材线虫病诊断及线虫致病性测定等实践教学活动。使用虚拟仿真诊断系统，可以完整再现病害诊断全过程，有效拓展实验教学内容和实验方法的深度与广度。逼真的多场景设置、实验模拟、在线交互、实验考核等环节设置，有助于全面培养学生的综合实践能力和创新思维。

虚拟仿真实验

【目的与要求】

通过在松材线虫病诊断及线虫致病性测定虚拟仿真实验系统中自主学习、自主设计、自主探索，掌握松材线虫病的典型症状特点、松材线虫病疫木采集规范、松材线虫分离的基本原理和方法、松材线虫形态鉴别的关键特征以及线虫致病性测定方法等知识和技能，提高松材线虫病诊断能力，同时加深对科赫法则、病害三角关系原理的理解。

【实验准备】

1. 硬件设备

带有独立显卡的便携式计算机或台式计算机，操作系统为 Windows 10 及以上版本，网络流畅。

2. 软件平台

浏览器：火狐浏览器或谷歌浏览器。

教学平台：国家虚拟仿真教学课程共享平台(http：//www. ilab-x. com)。

【实验步骤】

该虚拟仿真实验项目构建了病害认知、病害诊断和线虫致病性测定 3 个递进式的实验模块，包含 14 个交互性操作步骤。

①通过“病害认知”模块及知识角丰富的在线资源，形成对松材线虫病的基本认知。在此基础上，进入“病害诊断”模块，模拟接到国家林业和草原局的松材线虫病普查工作任务，进入虚拟野外发病松林中，观察发病植株，根据症状特点及病理变化等信息做出初步

诊断。采集疑似病树样品，进入虚拟实验室场景，分离线虫并采用形态学和分子生物学手段进行鉴定，验证病因。

②进入“线虫致病性测定”模块，在虚拟温室大棚中，通过接种寄主植物完成病原性确定。在此模块中，可自主设计实验参数，观察比较不同参数设置产生的实验现象与结果，探索不同因子与病害发生发展的内在联系，加深对病害三角关系原理的理解。具体操作步骤如下：

a. 注册：使用 64 位火狐浏览器或谷歌浏览器，以顺利完成后续实验。进入实验空间——国家虚拟仿真教学课程共享平台，注册账号。

b. 登录：登录实验空间，点击“实验中心”，查找“松材线虫病诊断及线虫致病性测定虚拟仿真实验”。

c. 进入项目主页面，在项目主页界面，阅读“实验介绍”，了解实验相关信息及实验步骤后，点击“我要做实验”开始实验，弹出网址跳转链接，点击跳转链接跳出实验界面，点击“进入实验”。

d. 进入实验后，首先点击“实验简介”，了解实验背景和目的；然后，逐项完成病害认知、病害诊断和线虫致病性 3 个模块，10 个子环节的实验(图 1-61)。操作完成后，回到“大厅”提交实验报告并完成评价。

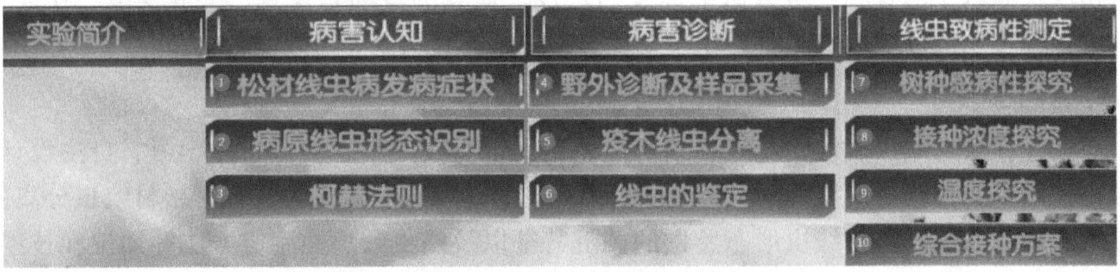

图 1-61　本实验设置的 3 个模块及 10 个子环节总览

e. 实验评价：提交实验报告后，关闭实验网页。回到项目主页界面，依次点击“用户名”—“我的项目”—“我的成绩”查看成绩，然后点击“我的评价”进入评价界面，完成“实验评价”和“问卷调查”，完成实验。

【作业与思考】

1. 线上完成实验并提交实验报告。

2. 松材线虫病有何典型症状？

3. 简述松材线虫形态鉴定的关键特征及与拟松材线虫的主要区别。

4. 及时准确进行诊断对松材线虫病防控有何意义？

5. 理解和践行“绿水青山就是金山银山”理念，谈谈面对松材线虫病疫情防控形势，当代大学生应有的责任与担当。

实验 16　林木种实病害症状识别与病原观察

种子是人工育苗、造林及天然更新的重要繁殖材料，也是木本油料树种及某些林果兼用林木的重要产品。不健康的种子不仅降低了使用价值，而且作为播种材料时还将降低出苗率，使苗木生长柔弱。种子病害主要表现为霉烂。种子霉烂多发生在储藏期、催芽期和播种至出芽期间。正确识别种实病害的症状特征和病原特点，有利于科学诊断和防控林木种实病害的发生。

数字图像

【目的与要求】

1. 掌握常见林木种实病害的主要症状。
2. 掌握常见林木种实病害病原菌的主要形态特征。

【实验准备】

1. 实验材料

各种类型的林木种实病害标本、纯培养物及永久装片等，如霉烂的橘子、草莓、桃、樱桃、板栗等新鲜材料，青霉菌(*Penicillium* spp.)、曲霉菌(*Aspergillus* spp.)、交链孢霉菌(*Alternaria* spp.)、黑根霉(*Rhizopus nigricans*)、镰孢菌(*Fusarium* spp.)的永久装片标本。

2. 实验器具

普通光学显微镜、手持放大镜、解剖针、镊子、盖玻片、载玻片等。

【实验步骤】

被害种实多数在其种壳或果实外皮上生长各种颜色的霉层或丝状物，少数为白色或黄色的蜡油状菌落。霉烂的种实一般具有霉味。生有霉层的种子变成褐色。切开种皮时内部呈糊状，有的仍保持原形，只有胚乳部分有红褐色至黑褐色的斑纹，也有形状颜色无变化的。

引起种实霉烂的病原多半是卵菌门、接合菌门和无性型菌物，少数为细菌。生产中常见的种实霉烂菌类主要有青霉、曲霉、匍枝根霉、交链孢、镰孢菌和细菌(图 1-62)。

1. 青霉属

菌落绿色、黄绿或灰绿色。分生孢子梗从菌丝上垂直生出。无足细胞，有横隔膜，顶端生排列成扫帚状的分枝，分枝一次或多次，顶层为小梗，小梗顶端串生单胞的分生孢子。

取霉烂的橘子观察症状特点，注意霉层中心和边缘的颜色；挑取平板培养的青霉培养

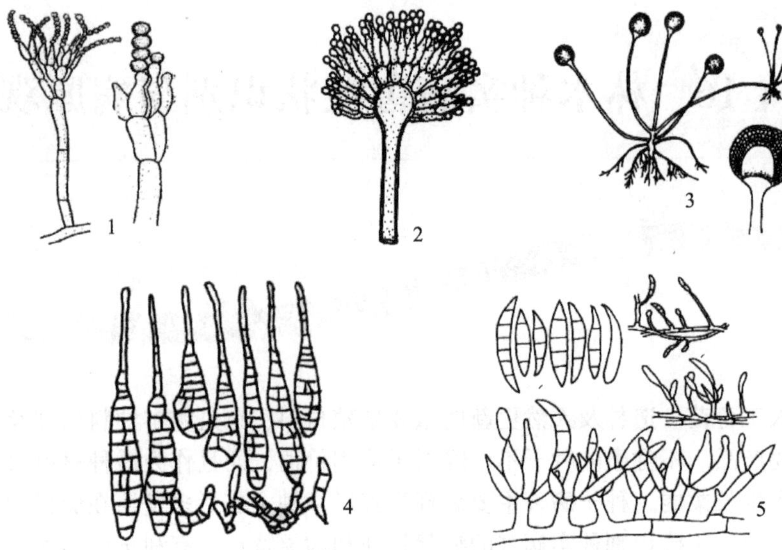

1. 青霉属；2. 曲霉属；3. 匍枝根霉；4. 交链孢；5. 镰孢菌。

图 1-62　种实霉烂常见病原物的形态

（Agrios，2005；许志刚，2003，2009）

物，自制临时装片或取青霉的永久装片，显微镜下观察，注意分生孢子梗和分生孢子的形态，以及分生孢子梗分枝、分生孢子排列方式等。

2. 曲霉属

分生孢子梗从厚壁而膨大的足细胞垂直生出，顶端膨大成球形、椭圆形或棍棒形的泡囊；泡囊上产生小梗，小梗单层或在顶部再分枝。分生孢子串生于小梗顶端。分生孢子单胞。

取霉烂的草莓观察症状特点，注意种皮上菌丝层中针头状的子实体。挑取平板培养的曲霉培养物，制作临时装片或取曲霉的永久装片，显微镜下观察，注意分生孢子梗和分生孢子的形态，以及分生孢子梗分枝、分生孢子排列方式等。

3. 匍枝根霉

孢囊梗自生有假根的匍匐菌丝上长出，与假根相对；孢子囊近球形，有头状的囊轴。接合孢子黑色、粗糙，两端残留有配囊柄。

取腐烂的桃观察症状特点，注意受害桃表面是否有白色毛状物生出，白色毛状物中是否有黑点。挑取平板培养的匍枝根霉培养物，自制临时装片或取匍枝根霉的永久装片，显微镜下观察，注意假根、匍匐菌丝、孢囊梗、囊轴、孢子囊和孢囊孢子的形态。

4. 交链孢

分生孢子梗褐色，具膝状弯曲，分生孢子具有纵横隔膜，倒棍棒形，顶端有喙，单生或串生。

取霉烂樱桃观察症状特点，注意观察绒毛状霉层。挑取平板培养的交链孢培养物，自制临时装片，或取交链孢的永久装片标本，显微镜下观察，注意孢子的纵横隔膜。

5. 镰孢菌

大型分生孢子多胞，镰刀型，小孢子单胞。

取霉烂板栗种实观察症状特点，注意观察霉层中出现的红色或蓝色，以及霉层中的小水珠。挑取平板培养的镰孢菌培养物，自制临时装片或取镰孢菌的永久装片，显微镜下观察，注意区别大小孢子。

【作业与思考】

1. 任选 6 种林木种实病害描述其症状。
2. 根据林木种实病害出现的症状，分析种实病害发生的原因。

实验 17　林木叶部和果实病害症状识别与病原观察

数字图像

叶部病害即发生在林木叶片上的病害。叶部病害的症状类型多样，病原类群和种类繁多。叶部病害影响林木的光合作用，减少林木光合产物的积累，使林木生长势减弱；一些叶部病害可对林木造成严重危害，甚至引起死亡。

叶部病害的种类多、病原也很多，真菌、细菌、病毒、植原体等都能引起林木叶部病害，非生物因素也能引起叶部病害。真菌引起的叶部病害种类最多，尤其是锈菌、白粉菌、子囊菌(生长季节中多以无性型出现)引起的病害占了叶部病害的大多数。细菌、病毒、植原体病害多见于阔叶树种，极少见于针叶树上。许多非侵染因素引起的林木病害也多首先在叶部表现出症状，如各种大气污染物(二氧化硫、臭氧等)、农药等所致中毒或因铁、硼等缺乏造成的缺素症。

【目的与要求】

1. 掌握常见林木叶部病害的主要症状特点。
2. 掌握常见林木叶部病害病原菌的主要形态特征。

【实验准备】

1. 实验材料

准备各种类型的林木叶部病害标本、病原菌纯培养物及永久装片，具体种类如下：

(1) 叶变形类

桃缩叶病(*Taphrina deformans*)、油茶叶肿病(*Exobasidium gracile*)、毛白杨皱叶病(*Eriophyes dispar*)。

(2) 白粉病类

板栗白粉病(*Microsphaera sinensis*)、黄栌白粉病(*Uncinula verniciferae*)、苹果白粉病(*Podosphaera leucotricha*)。

(3) 煤污病类

槐树煤污病、柑橘煤污病、毛白杨煤污病。

(4) 叶果锈病类

苹果(梨)—桧柏锈病(*Gymnosporangium asiaticum*)、枣锈病(*Phakopsora zizyphi-vulgaris*)、毛白杨锈病(*Melampsora magnusiana*)。

(5) 叶(果)斑病类

松落针病(*Lophodermium* spp.)、柿角斑病(*Pseudocercospora kaki*)、杨树黑斑病

(*Marssonina brunnea*)、杨黑星病(*Fusicladium tremulae*)、桉树焦枯病(*Cylindrocladium quinqueseptatum*)、梨黑星病(*Venturia pyrina*)、核桃细菌性黑斑病(*Xanthomonas campestris* pv. *juglandis*；*Pantoea agglomerans*；*Xanthomonas arboricola* pv. *juglandis*)、杨树花叶病(poplar mosaic virus)、枫杨毛毡病(*Eriophyes* spp.)。

(6)炭疽病类

核桃炭疽病(*Colletotrichum gloeosporioides*)、油茶炭疽病(*Colletotrichum gloeosporioides*)。

2. 实验器具

显微镜、手持放大镜、解剖针、镊子、盖玻片、载玻片等。

【实验步骤】

1. 叶变形类症状识别与病原观察

叶变形类病害的病状主要包括叶的皱缩、小叶、叶裂、泡囊等。导致叶变形的原因很多，如真菌、叶螨、病毒和某些生理因素。

(1)桃缩叶病

桃缩叶病主要危害桃树幼嫩部分，以嫩叶片为主，也可危害花、嫩梢和幼果。春季嫩叶发病，叶片变厚，卷曲状，颜色发红。春末夏初在叶表生一层灰白色粉状物(子囊层)，最后病叶变褐，焦枯脱落。枝梢受害后呈灰绿色或黄色，病部肥肿，枝条节间短，其上叶片丛生，严重时整枝枯死。

病原特征：为畸形外囊菌(*Taphrina deformans*)，属子囊菌亚门外囊菌目外囊菌属。子囊平行排列于病叶表面，子囊圆筒形、顶部平截，无色，大小 18~42 μm×5~12 μm，内含 4~8 个子囊孢子。子囊孢子椭圆形，单胞，无色，大小 5~7 μm×4~5 μm，可在子囊内或子囊外通过芽殖产生许多芽孢子(图 1-63)。

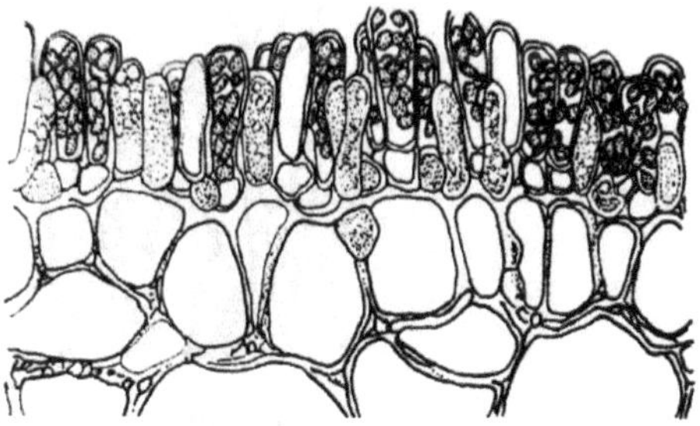

图 1-63　畸形外囊菌的子囊层、子囊及子囊孢子
(叶建仁等，2024)

取桃缩叶病标本，注意观察感病的叶片形态，皱缩部位和程度。直接挑取病叶上的白色粉末，制作临时装片，观察子囊和子囊孢子的形态。

(2)油茶叶肿病

油茶叶肿病又称油茶饼病，主要危害油茶的花芽、叶芽和嫩叶，导致过度生长，芽、叶肥肿变形。花芽感病后，子房肥肿膨大成桃状，中空，直径 5~11 cm，称为茶苞。病部为淡绿色，后表皮开裂脱落，变为白色，似裹了一层白粉。茶苞最后变黑腐烂。受害严重的油茶茶苞多，像桃子一样挂在树上，故把这种油茶林称为“桃林”。叶芽(包括数片叶或小枝的全部叶片)感病后，叶片肿大成肥耳状，数个肿大的叶片连在一起，似鹰爪。肥耳状叶片开始时呈淡绿色水渍状，后呈黄绿色，叶背隆起，表皮开始脱落，露出白色粉状物，病叶干缩后长期悬挂枝头而不脱落。嫩叶受害后，局部形成圆形肿块，表面呈红色或淡绿色，叶正面凹陷，背面隆起，为黄粉色，后期有一层白色粉状物，即病菌的担子和担孢子，最后病叶脱落。

病原特征：病原为担子菌门外担菌目外担菌属的细丽外担菌（*Exobasidium gracile*）。担子层长于病部的内层，担子从菌丝上直接生出，单个或成簇突破寄主表皮，形成白色子实层。担子棍棒形，无色，成熟后顶生 2～4 小梗，上生担孢子。担孢子倒卵形，有时略弯曲，单胞，无色，有时生 1～4 分隔，大小 14.6～22.8 μm×6.0～7.8 μm（图 1-64）。

取油茶叶肿病标本，注意观察感病的叶片形态；还可直接挑取病叶上的白色粉末，制作临时装片，观察担子和担孢子的形态。

（3）毛白杨皱叶病

叶片被害后，皱缩变形，肿胀变厚，卷曲成团，呈紫红色，形成大小球状，似鸡冠，故名皱叶病。在一个芽中几乎所有叶片都受害。春季当冬芽开始舒展后，即表现出病状，一般被害芽健康芽展叶早。以后随着叶片的生长，皱叶不断增大。直到 6 月以后，被害叶片逐渐干枯，呈绣球状悬挂在树上，若遇大风，则大量脱落。

病原特征：为节肢动物门蜱螨目瘿螨属的一种四足螨（*Eriophyes dispar*）。成螨黄褐色，体圆锥形，长 125 μm，宽 27.5 μm，具有多数环纹。近头部有两对软足。腹部细长，尾部两侧各生有一根细长的刚毛。卵椭圆形，光滑，无色透明，直径 40～50 μm。幼螨体形比成螨小，体色浅，环纹不明显。若螨形似成螨，体色浅，呈乳白色至浅黄色，环纹不明显（图 1-65）。

图 1-64　细丽外担菌的担子和担孢子
（贺伟等，2017）

图 1-65　毛白杨皱叶病的病原螨
（贺伟等，2017）

取毛白杨皱叶病标本，观察感病叶片的形态。取毛白杨皱叶病四足螨的永久装片或新鲜标本，观察螨的形态特征。

2. 白粉病类症状识别与病原观察

白粉病是多种阔叶树上最普遍的一类病害，广泛分布于我国各地，杨树、柳树、苹果、核桃、枫杨、桤木、板栗、榆树、朴树、刺槐、橡胶树、山楂、梭梭等多种林木和果树上都可能感染白粉病，其主要危害叶片，有的还危害嫩梢、花、果实。裸子植物上没有发现。

（1）板栗白粉病

板栗白粉病表现 2 种症状特征：一种为表白粉病，可危害板栗叶片、嫩梢和叶芽，以感病叶片、嫩梢和芽等幼嫩组织表面着生一层灰白色粉霉状物为特征。受害叶片上白粉层可生于叶正面或背面。另一种为里白粉病，发病初期从叶正面可见不规则形的褪绿黄斑，此后在叶背产生淡灰白色菌丝和白粉层。入秋后在白粉层上产生淡黄色—棕黄色—黑褐色的小球状物，即闭囊壳。感病的嫩梢，表面有灰白色粉层，而后干枯，嫩芽受害，往往叶片不能伸长，若幼叶局部染病，则通常扭曲变形。

里白粉病与表白粉病在症状上的主要区别：病菌的菌丝部分内生，白粉层较淡薄，且均在叶背面，而没有着生于叶正面；闭囊壳约比表白粉病菌大 3 倍，肉眼易于区别。

病原特征：表白粉病是由子囊菌门白粉菌目的中国叉丝壳菌(*Microsphaera sinensis*)引起的。闭囊壳直径 78～100 μm，平均 88. 2 μm。附属丝 4～13 根，顶端叉状分枝 4～6 次，全长 90～110 μm。子囊 2～6 个，多为 3～4 个，卵圆形至长卵圆形，43～63 μm×34～54 μm。子囊孢子 7～8 个，大小 16～24 μm×8～15 μm。无性型为栎粉孢霉菌(*Oidium quercinum*)。分生孢子梗直立，不分枝，顶生成串的分生孢子。分生孢子单胞，卵形或椭圆形，大小 32～39 μm×16～24 μm。里白粉病由栎球针壳(*Phyllactinia roboris*)引起。闭囊壳直径 214～250 μm，平均 247 μm。附属丝针状，基部膨大，10～20 根，长 460～467 μm。子囊 15～30 个，多为长卵形，46～67 μm×29～30 μm，子囊孢子 2～3 个，单胞，椭圆形，无色或淡黄色，大小 28. 5～44. 3 μm×17. 2～24. 6 μm。无性型为拟小卵孢菌的一种(*Ovulariopsis* sp.)。分生孢子梗直立，不分枝，分生孢子单生于孢子梗顶端，草履虫状，大小 50～120 μm×8～15 μm(图 1-66)。

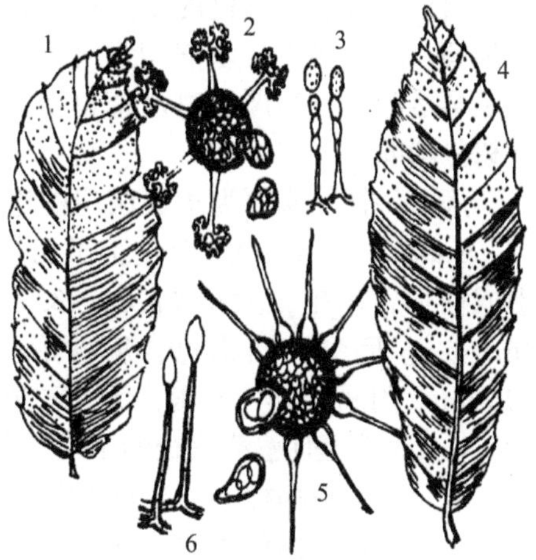

1. 症状；2. 闭囊壳和附属丝；3. 无性孢子；4. 症状；5. 闭囊壳和附属丝；6. 无性孢子。

图 1-66　板栗白粉病

(杨旺等，1996)

取板栗白粉病标本，观察受害叶片组织表面灰白色的粉霉状物和黑色小球状物。直接挑取病叶表面的粉霉状物和黑色小球状物，制作临时装片，镜检观察无性阶段和有性阶段的形态特征。

(2)苹果白粉病

病芽在春季萌发较晚，抽出的新梢和嫩叶上覆盖一层白粉，病梢变细，节间缩短，叶片狭长，叶缘常向上卷曲，逐渐变褐而枯死。幼叶染病后，叶正面生成褪绿斑，叶背面产生白粉层，纵向卷曲。幼果发病，多在萼洼或梗洼产生白粉状斑，逐渐形成网状锈斑，果面常形成裂纹。发病部位后期的白粉层中常出现很多黑色小粒点，即闭囊壳。

病原形态：病原为子囊菌门白叉丝单囊壳菌(*Podosphaera leucatricha*)。分生孢子椭圆形、单胞，大小 22～27 μm×14～17 μm。闭囊壳圆球形、褐色，表生 3～10 根直立的长附属丝，附属丝上部 1～2 次叉状分枝或不分枝，闭囊壳基部还有一种短而屈曲的附属丝，菌丝状。闭囊壳直径 45～96 μm，内生 1 个子囊；子囊无色，椭圆形、近球形，大小 45～75 μm×31. 5～67. 5 μm；子囊孢子 8 个，无色，单胞，卵圆形，大小 15. 0～30. 0 μm ×8. 8～30. 0 μm。

取苹果白粉病标本，注意观察受害叶片组织表面的白色粉状物和黑色小球状物。直接挑取病叶表面的白色粉状物和黑色小球状物，制作临时装片，镜检观察无性阶段和有性阶段的形态特征。

(3) 黄栌白粉病

发病初期，叶片正面出现针尖大小的白色粉点，逐渐扩大成为污白色的圆斑，犹如水滴溅起的泥浆所形成的泥斑，不易发现，但病斑最后发展成典型的白粉斑，病斑边缘略呈放射状。发病严重时，白粉斑往往相连成片，整个叶片被厚的白粉层所覆盖。发病后期白粉层上出现白色、黄色、黑色的小点粒，此时白粉层逐渐消解，叶片褪绿，黄栌叶片不变红而呈黄色，引起早落叶。发病严重时嫩梢也受害。连年发生使树势削弱。

病原特征：病原为子囊菌门的漆树钩丝壳菌(*Uncinula verniciferae*)。分生孢子无色，形态为柱形或桶形，串生，大小 27.0~33.3 μm×12.5~16.6 μm。闭囊壳暗褐色，扁球形，直径 112~126 μm。附属丝 14~26 根，无色，顶端卷曲成钩状，长度通常是闭囊壳直径的 1~1.5 倍(图 1-67)。

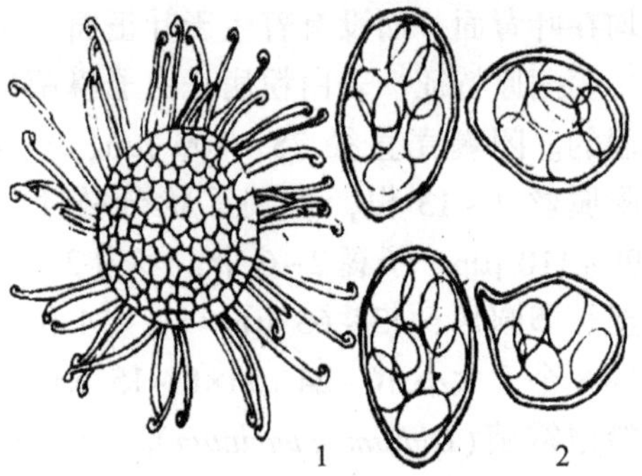

1. 闭囊壳；2. 子囊孢子。

图 1-67 黄栌白粉病

(杨旺等，1996)

取黄栌白粉病标本，注意观察受害叶片组织表面的灰白色粉霉状物。直接挑取病叶表面的粉霉状物和黑色小球状物，制作临时装片或直接取永久装片，镜检观察无性阶段和有性阶段的形态特征。

3. 煤污病类症状识别与病原观察

煤污病是我国南北各地常见的一种林木病害，分布广，寄主植物种类多，不仅危害多种阔叶树，如毛白杨、柳、油茶、柑橘、黄杨、海桐等，而且危害针叶树，如华山松、油松等。虽然一般不会造成严重的经济损失，但常常会影响景观和观赏价值。

引起煤污病的病菌种类很多，同一植物上可感染多种病菌，症状也略有差异，但总的来说，呈黑色霉层或黑色煤粉层是该病的重要特征。

引起煤污病的病菌主要有子囊菌门小煤炱属(*Meliola* spp.)和煤炱属(*Capnodium* spp.)真菌。

(1) 小煤炱属

子囊束生于黑色闭囊壳基部；子囊孢子椭圆形，暗褐色，2~4 个隔膜。为寄生菌，菌丝体生于植物表面，黑色，有附着枝，并以吸器伸入寄主表皮细胞内吸取营养(图 1-68)。该属多寄生于温暖地区的乔木和灌木上，引起煤污病。

(2) 煤炱属

菌丝体表生，暗褐色，菌丝细胞常连成串珠状或集合成菌丝束。子囊座无刚毛。子囊孢子具纵横隔膜，或只有横隔，褐色(图 1-69)。为植物枝叶表面的腐生菌，通常以介壳虫或蚜虫分泌的蜜露为营养来源，引起煤污病，阻碍植物的光合作用，影响观赏价值。

取槐树煤污病、柑橘煤污病、杨树煤污病等病害标本，观察受害叶片表面的黑色煤粉层。直接挑取病叶表面的黑色煤粉层，制作临时装片或直接取永久装片，镜检子囊壳、子囊孢子的形态特征。

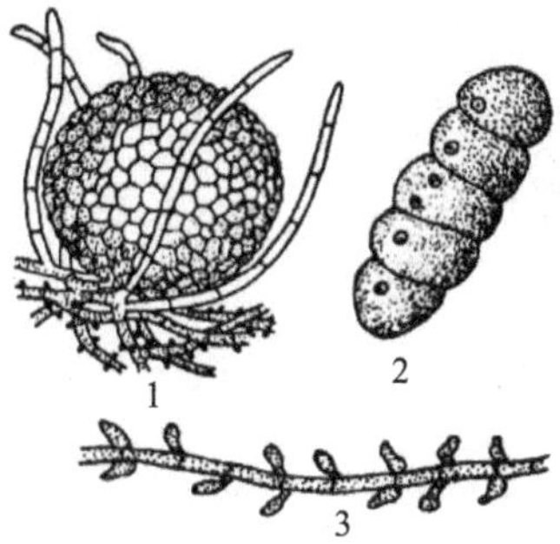

1. 子囊壳；2. 子囊孢子；3. 附着枝。

图 1-68 小煤炱属

（许志刚，2003）

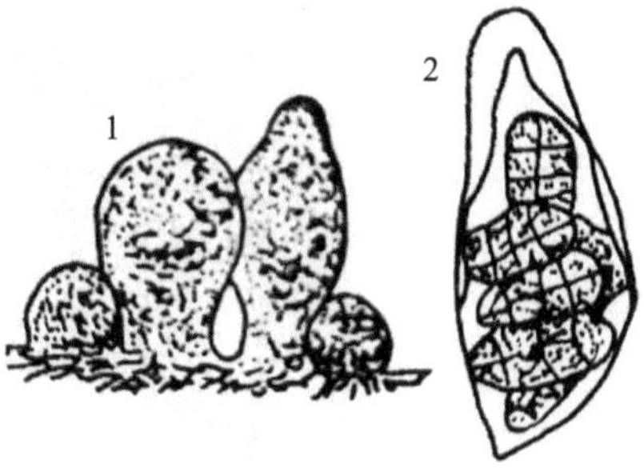

1. 子囊座；2. 子囊及子囊孢子。

图 1-69 煤炱属

（张中义等，1988）

4. 锈病类症状识别与病原观察

锈病是林木中最常见的病害之一。有些锈菌不仅危害叶部，还危害果实、叶柄或嫩梢，甚至枝干，造成重大经济损失。引起锈病的病菌都是专性寄生菌，依赖寄主植物活体获取营养而生存，因此，在其生活过程中要和寄主植物保持相对的稳定性。病菌侵染后，一般不会直接或很快引起组织坏死，在症状上只产生褪绿、淡黄色或褐色斑点，而在病斑上常常产生明显的病征。

(1) 苹果(梨)—桧柏锈病

苹果(梨)叶片受害，在叶片正面产生黄绿色小斑，逐渐扩大为圆形黏性橙黄色斑，边缘红色，稍肥厚。一个叶片可有多个病斑。此后，病斑表面密生橙黄色针头大小的小粒点(性孢子器)，潮湿时溢出淡黄色黏液(性孢子)。黏液干燥后小粒点变为黑色。之后病斑表面密生，后期病斑变厚，背面呈淡黄色疱状隆起，并在隆起部位产生数根灰黄色的毛管状物(锈孢子器)。不久锈孢子器顶端破裂，散出黄褐色粉末(锈孢子)。最后病斑逐渐变黑干枯，毛管状物脱落。同时叶片向内卷曲，叶色变淡，最后全叶变黑干枯脱落。

转主寄主桧柏染病后，在针叶、叶腋或小枝上出现淡黄色斑点，稍隆起，翌年 4 月，病菌突破表皮生出褐色角状物，即病菌的冬孢子角。遇水后吸水膨胀，成为黄色舌状胶质块，犹如柏树开花。受害小枝肿起的瘤状物称为“菌瘿”。春季菌瘿表面破裂。

病原特征：在我国，引起苹果锈病的病原菌为担子菌门锈菌目锈菌属的山田胶锈菌(*Gymnosporangium yamadae*)，梨树锈病的病原菌为亚洲胶锈菌(*Gymnosporangium asiaticum* =*Gymnosporangium haraeanum*)。两种病菌在形态上很相似：山田胶锈菌性孢子器近球形，埋生于寄主组织内，性孢子无色、单胞，纺锤形，器壁由六角形细胞组成；锈孢子黄褐色，单胞，球形或多角形，3~8 mm，膜厚，微带疣状突起，有数个发芽孔，锈孢子器包被网状纵向开裂；冬孢子堆生于针叶或小枝上，呈黄褐色角状物，冬孢子双胞，稀有 3~5 个细胞的，具长柄，卵形、椭圆形或顶端截断，分隔处稍缢缩，黄褐色，萌发时每个细胞各长出一个有分割的担子；担孢子圆形。亚洲胶锈菌的锈孢子器 2~5 mm，包被条状纵向开裂(图 1-70)。

观察苹果(梨)—桧柏锈病标本，注意观察苹果(梨)叶片正面的病斑、小粒点和背面的病斑、毛状物等，注意桧柏上的瘤状物或角状物。直接挑取病叶表面的小粒点、毛状

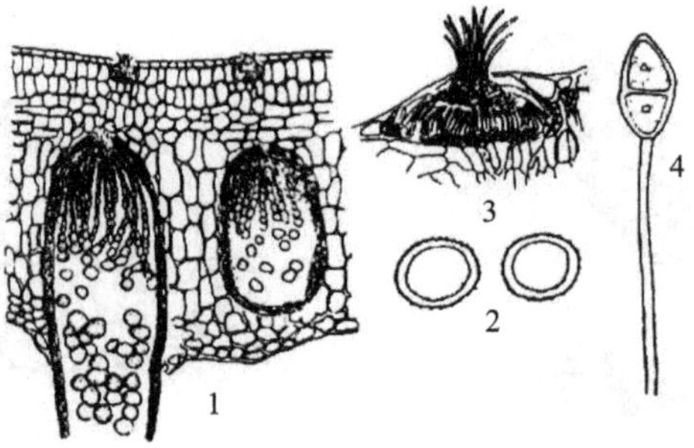

1. 锈孢子器；2. 锈孢子；3. 性孢子器；4. 冬孢子。

图 1-70 苹果(梨)—桧柏锈病

（陆家云，1997）

物、角状物等，制作临时装片。取提前浸泡 1~2 h 的冬孢子堆，挑取单个冬孢子制作临时装片，观察冬孢子双胞及柄的特征。注意：冬孢子柄易脱落，浸泡时间以孢子柄不脱落为最佳，或直接取永久装片，镜检观察各阶段孢子的形态特征。

(2) 枣锈病

发病初期，叶片背面会出现散生或聚生的淡绿色小点，这些小点逐渐变为暗黄褐色的突起，即夏孢子堆。夏孢子堆通常不规则，多发生在叶脉两侧、叶尖和基部，有时连成条状。随着病情发展，夏孢子堆表面会破裂，散放出黄色粉末状的夏孢子。在叶片正面，与夏孢子堆相对应的位置会出现绿色小点，使叶面呈现花叶状。随后，叶片逐渐变为灰黄色，失去光泽，最终干枯并脱落。

病原特征：枣锈病主要由担子菌门的枣层锈菌(*Phakopsora zizyphi-vulgaris*)引发。夏孢子通常呈球形或椭圆形，颜色从黄色到浅黄色不等，单胞，大小 14~20 μm×12~20 μm，表面密布短刺。冬孢子堆 0.2~0.5mm。稍突起，黑色。冬孢子长椭圆形或多角形，单胞，表面平滑。冬孢子 8~20 μm×6~20 μm，在冬孢子堆内排列成数层(图 1-71)。

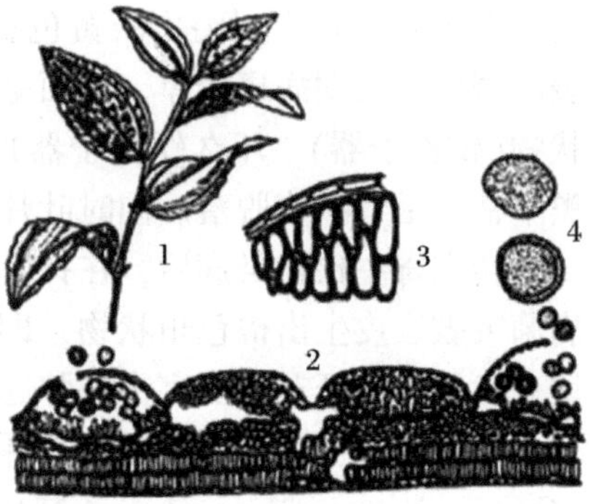

1. 病叶；2. 冬孢子堆和夏孢子堆；3. 冬孢子堆；4. 夏孢子。

图 1-71 枣锈病

（贺伟等，2017）

观察枣锈病标本，注意受害叶片组织的暗黄褐色的突起。直接挑取病叶表面黄褐色或黑色突起，制作临时装片或直接取永久装片，镜检观察各阶段孢子或孢子堆特征。

(3) 毛白杨锈病

冬芽受害后，春天展叶时，形成布满黄色粉堆的畸形芽，似一束黄色绣球花的病叶，严重时病芽经 3 周左右便干枯。正常展出的叶片受侵后，形成黄色小斑点，在叶背面可见到散生的黄色粉堆，即病菌的夏孢子堆。严重时夏孢子堆可以联合成大块，且叶背病部隆起。受侵叶片有时形成大型枯斑，甚至叶片枯死。在病落叶叶面上可见到赭色、近圆形或多角形的疱状突起，即冬孢子堆。

病原特征：在我国已报道并被普遍承认的主要有 2 种，分别为担子菌门锈菌纲锈菌目栅锈菌科栅锈菌属的马格栅锈菌（*Melampsora magnusiana*）和杨栅锈菌（*Melampsora rostrupii*）。这 2 种锈菌在夏孢子和冬孢子，以及侧丝的形态和大小上差异不大。夏孢子堆黄色，散生或聚生。夏孢子橘黄色，圆形或椭圆形，表面有刺，大小 19.5~25.5 μm × 16.0~21.0 μm。冬孢子堆生于寄主表皮下，冬孢子近柱形，大小 37~50 μm × 10~15 μm。观察枣锈病标本，注意受害叶片组织的暗黄褐色的突起（图 1-72）。

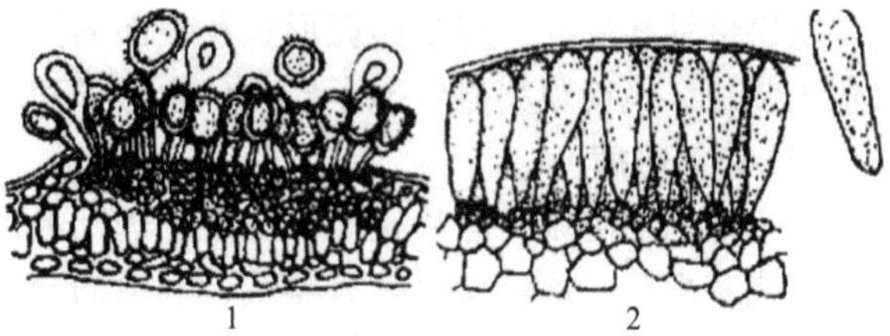

1. 夏孢子堆；2. 冬孢子堆。

图 1-72　毛白杨锈病

（叶建仁等，2024）

挑取病叶表面黄色粉堆或赭色疱状突起，制作临时装片或直接取永久装片，镜检观察各阶段孢子或孢子堆的形态特征。

5. 叶斑病类症状识别与病原观察

叶斑病也是常见的一类林木病害。叶斑病表现为叶片局部组织坏死，使叶上产生各种大小形状和颜色的枯斑；斑点平或稍隆起，有的后期形成穿孔，易引起叶枯和落叶。

（1）松落针病

在马尾松针叶上，最初出现很小的黄色斑点或段斑，至晚秋全叶变黄脱落；在油松上针叶初期看不到明显病斑，颜色由暗绿色逐渐变成灰绿色，直至变成红褐色而脱落。在落地的病针叶上产生黑色或褐色横线，将针叶分为若干段，在两横线间产生黑色或褐色长椭圆形小点，即病菌的分生孢子器；此后则产生较大的黑色或灰色椭圆形突起，有油漆光泽，中间有一条纵裂缝，即子囊果。

病原特征：该病由子囊菌门的散斑壳属（*Lophodermium* spp.）真菌引起。扰乱散斑壳的子囊盘长椭圆形，表面灰色，遇湿呈黑色，周边线明显，稍突出松针表面。子囊盘为全表皮细胞下生，基壁线黑色，子囊盘开口处有唇状细胞结构，多无色，有时灰色。子囊圆筒形，大小 120~170 μm ×9~13 μm；子囊孢子线形，单胞，无色，大小 83~120 μm ×2~3 μm；侧丝较直，顶端膨大不明显，有时弯曲。无性型为 *Leptostroma rostrupii*。分生孢子短杆状，无色，单胞（图 1-73）。

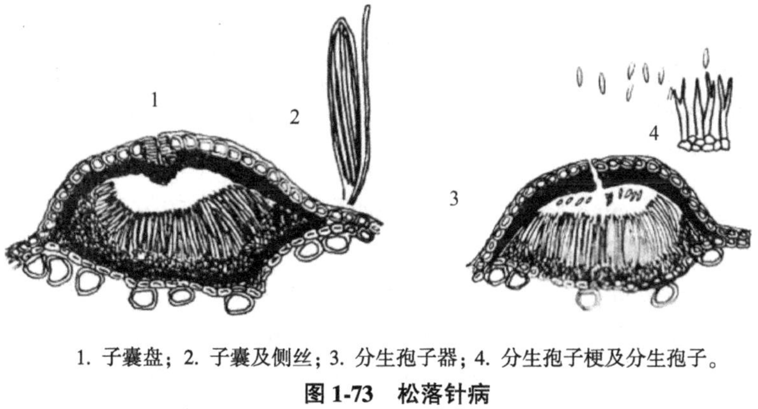

1. 子囊盘；2. 子囊及侧丝；3. 分生孢子器；4. 分生孢子梗及分生孢子。

图 1-73　松落针病

（贺伟等，2017）

取松落针病病叶，观察病斑形状及表面的黑色长椭圆形小点；制作临时装片，或直接取永久装片，镜检观察分生孢子器、分生孢子和子囊果、子囊孢子的形态特征。

(2)柿角斑病

由于叶脉的限制，叶片正面常呈现不规则形黄绿色小晕斑，淡褐色至深褐色，最后呈红褐色或灰褐色。病健交界处有黑线，病菌的分生孢子堆呈极小的黑色绒状颗粒体。有时病叶变红色，但病斑周围呈黄绿色。

病原特征：病原为无性型菌物柿假尾孢(*Pseudocercospora kaki*)。病菌子座呈黑色绒状小颗粒，暗褐色，半球形或扁球形，大小 22~66 μm×17~50 μm，其上丛生分生孢子梗。分生孢子梗淡褐色至棕色，直立或弯曲，短棒状，不分枝，不分隔，尖端较细，大小 7~17 μm×3~4. 5 μm。分生孢子棍棒形，尖端稍弯曲，基部宽，无色或淡褐色，大小 15~77. 5 μm×2. 5~5 μm，有 0~8 个分隔(图 1-74)。

取柿角斑病病叶，观察病斑形状和表面的黑色绒状小颗粒；制作临时装片或直接取永久装片，镜检观察子座、分生孢子梗和分生孢子的特征。

(3)杨树黑斑病

在青杨派树种上，病斑主要出现在叶背面；在黑杨派和毛白杨派树种的叶片正面。叶斑初期为针刺状小斑点，后扩大成直径约 1 mm 的圆形黑褐色病斑，潮湿时病斑中央出现乳白色胶黏状的分生孢子堆。老叶上的病斑开始即为黑褐色。病斑数量多时，可相互连接成不规则的斑块，严重时叶片大部分变黑、枯死、脱落。嫩梢上的病斑初为梭形，黑褐色，稍隆起，中间产生略带红色的分生孢子盘和分生孢子堆，嫩梢木质化后，病斑形成溃疡斑。

病原特征：病原为无性型盘二孢属(*Marssonina*)菌物引起。分生孢子盘位于病叶角质层下面，分生孢子无色，双胞，上胞大，钝圆，下胞小，略尖。我国有以下 3 种(图 1-75)：

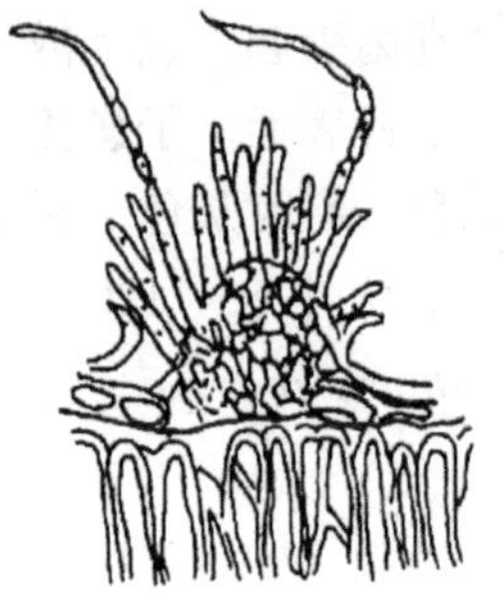

图 1-74　柿假尾孢的分生孢子梗和分生孢子

(周仲铭，1991)

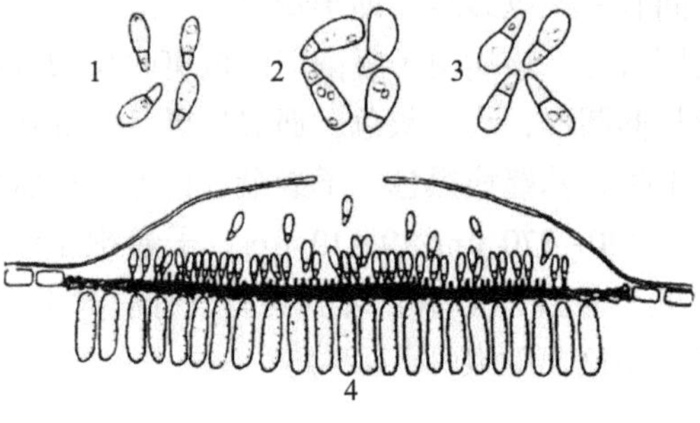

1. 杨生盘二孢的分生孢子；2. 杨盘二孢的分生孢子；3. 白杨盘二孢的分生孢子；4. 分生孢子盘。

图 1-75　杨树黑斑病

(贺伟等，2017)

①杨生盘二孢(*Marssonina brunnea*)：分生孢子盘宽 110~350 μm，分生孢子狭窄倒卵形至倒卵形，直立或稍弯，大小 12~20. 5 μm×4. 5~8. 5 μm。分布于各杨树产区。

②杨盘二孢(*Marssonina populi*)：分生孢子盘宽 200~300 μm，分生孢子阔倒卵形至梨形，上端细胞多向一侧弯曲，大小 17~26 μm×7~11 μm。分布于新疆。

③白杨盘二孢(*Marssonina castagnei*)：分生孢子盘宽 70~400 μm，分生孢子倒卵形，直立或稍弯，大小 16~22. 5 μm×7~11 μm。分布于新疆。

取杨树黑斑病标本，观察病斑形状；取病叶制作临时装片，或直接取永久装片，镜检观察分生孢子盘、分生孢子梗和分生孢子的形态特征。

(4) 杨树黑星病

病害主要危害1~3年生苗木，发生于叶片、叶柄及嫩梢上。发病初期，在叶片背面产生圆形不明显病斑，直径2~3 mm，后期在病斑上布满黑色霉层，即分生孢子梗及分生孢子。发病严重时，黑色霉斑扩大，连接成片。在叶片正面的相应处，形成黑色或灰色的枯斑。在叶柄和嫩梢上产生长圆形、稍凹陷病斑，其上长满黑色霉层。

病原特征：病原为无性型黑星孢属的山杨黑星孢(*Fusicladium tremulae*)。分生孢子梗丛生，粗短，暗褐色，无分隔。分生孢子鸭梨形、长椭圆形，暗色，初为单胞，后生横隔膜，隔膜多为1个，少数2个，孢子大小10~18 μm ×6~7 μm (图1-76)。

取杨树黑星病标本，观察其病斑形状及黑色霉层；取病叶黑色霉层处制作临时装片或直接取永久装片，镜检观察分生孢子梗和分生孢子的形态特征。

图1-76 山杨黑星孢的分生孢子梗和分生孢子
(贺伟等，2017)

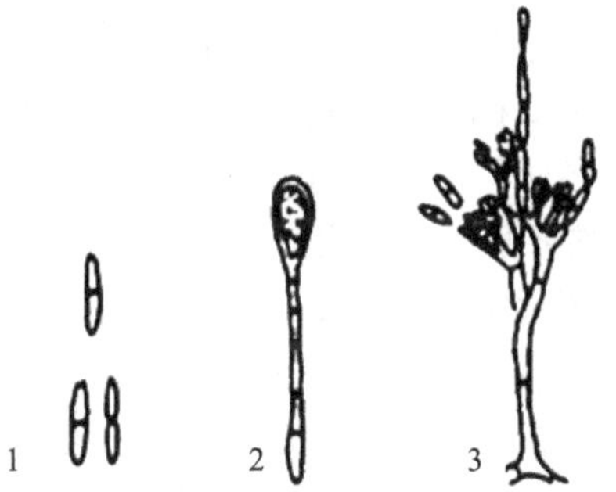

1. 分生孢子；2. 泡囊着生；3. 分生孢子梗。
图1-77 桉树焦枯病
(高步衢，1997)

(5) 桉树焦枯病

桉树焦枯病主要危害叶片和枝梢。叶片感染初期出现灰白色的水渍斑，病斑逐渐扩大，组织坏死如被烧灼，边缘有一赤褐色晕圈，后期病斑中部变灰褐色，多数病斑连结造成叶尖和叶缘焦枯，病叶卷曲、脆裂脱落。枝条染病，表皮层遍布近圆形或长条形的小点，扩大后若病斑环绕枝干，可造成枝条干枯死亡。在雨后或者高湿环境，尤其在靠近地面枝条也有坏死部分，出现密布的白色霉状物，即为病菌的分生孢子堆。

病原特征：病原为无性型菌物柱枝孢属菌的 *Cylindrocladium quinqueseptatum*。分生孢子梗从菌丝上长出，直立、大小110~484 μm×4.7~9.5 μm，大多分3级分枝，最后一级有2~4个瓶梗，其上产生堆状的分生孢子，分生孢子柱形，两端圆，有1~5个分隔，不育性丝状体顶生有棍棒形的(图1-77)。

取桉树焦枯病标本，观察其病斑形状；取病叶或病枝上霉层制作临时装片或直接取永久装片，镜检观察分生孢子梗和分生孢子的形态特征。

(6)梨黑星病

叶片病斑通常首先出现在叶背的主脉和支脉之间，形成圆形、椭圆形或不规则形的淡黄色小斑点，随着病情发展，病斑上会产生黑色霉状物。严重时，叶片正反面都布满黑色霉层，导致叶片枯黄、早期脱落。叶柄也会出现黑色、椭圆形的凹陷病斑，产生黑色霉层，严重时叶柄变黑，导致叶片枯死或叶脉断裂。幼果受害呈畸形，不能正常膨大。

病原特征：病原为子囊菌门的梨黑星菌(*Venturia pyrina*)。子囊腔球形，黑褐色，直径100~150 μm。子囊棍棒形，聚集生长在子囊壳的底部，大小37~62 μm×6.2~6.9 μm。每个子囊内含有8个子囊孢子，子囊孢子淡黄绿色或淡黄褐色，具一个隔膜，呈现上胞较大而下胞较小的形态，大小11~14 μm×3.7~5.2 μm。其无性型为半知菌门的黑星孢(*Fusicladi um pyrinum*)。该菌的分生孢子梗丛生或单枝，暗褐色，直立或弯曲。在每个分生孢子梗的顶端及上端的旁侧，可以看到数个钝形齿形突起，为孢子痕。分生孢子淡褐色，单胞，大小8.0~24.0 μm×4.5~8.0 μm(图1-78)。

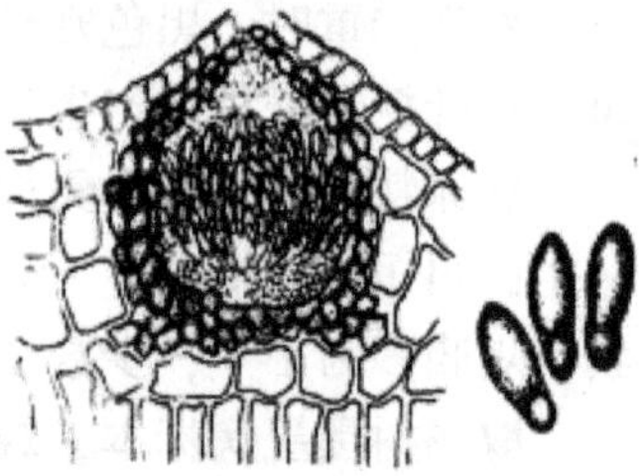

图1-78 梨黑星菌的子囊壳、子囊和子囊孢子
(贺伟等，2017)

取梨黑星病标本，观察受害叶片组织的黑色霉状物。制作临时装片或取永久装片，挑取病斑上的各阶段孢子，观察孢子的形态特征。

(7)核桃细菌性黑斑病

病害主要危害核桃幼果，也侵染叶片、叶柄、嫩梢和雄花。幼果受害初期，病部出现褐色到黑色油浸状小点，稍突起，后发展为圆形或椭圆形病斑，外有水渍状晕圈。潮湿条件下病斑易连接成片，由青皮向内危害至果壳、果仁，果实迅速变黑干缩，造成早期落果或僵果。老果往往只危害青皮，对果壳及果仁影响较小。嫩叶感病初期为黑褐色多角形或椭圆形病斑；老叶病斑圆形至椭圆形，中央灰褐色，外有黄色晕圈，有时形成穿孔，严重时病斑互相连接。枝梢病斑长圆形，黑褐色，稍凹陷，严重时病斑包围枝条使整枝枯死。

病原特征：核桃黑斑病病原物复杂，主要有核桃黄极毛杆菌(*Xanthomonas campestris* pv. *juglandis*)、成团泛菌(*Pantoea agglomerans*)、树生黄单胞菌胡桃变种(*Xanthomonas arboricola* pv. *juglandis*)等。核桃黄极毛杆菌，菌体短杆状，大小0.5~3.1 μm ×0.3~0.8 μm，极生单鞭毛，革兰氏染色阴性，有荚膜；成团泛菌，菌体杆状，大小0.5~1.0 μm×1~3 μm，周生4~6根鞭毛，革兰氏染色阴性，菌落圆形，光滑，稍突起，黄色，边缘整齐；树生黄单胞菌胡桃变种，菌体短杆状，大小0.5~1.2 μm×0.9~2.4 μm，极生单鞭毛，革兰氏染色阴性。

取核桃黑斑病标本，观察病斑形态特征。取永久装片，观察细菌形态。

(8)杨树花叶病

发病初期叶片呈现褪绿斑，许多小斑常聚集在一块，形成不规则的黄绿色花斑，叶片边缘褪色发焦，沿叶脉呈现星状或长条形红晕，叶脉透明，叶面发皱、变厚、变硬、变小，甚至畸形。叶柄上经常有黑色坏死斑点，基部周围隆起，顶梢或嫩茎皮层常破裂。

病原特征：杨树花叶病毒(PMV)，隶属麝香石竹潜隐病毒属(*Carlavirus* sp.)。

取杨树花叶病标本，观察病斑形态特征。

(9)阔叶树瘿螨害

发病初期，叶片背面产生苍白色、不规则病斑，之后发病部位表面隆起，病斑上多数茸毛密生形成灰白色毛毡状物，故称毛毡病。寄主细胞中往往产生褐色素或红色素，因此毛毡状物逐渐着色，色泽因寄主及病原物种类而异。枫杨毛毡病的毛毡状病斑呈褐色；荔枝毛毡病初期呈白色透明状，后期呈黄褐色；漆树毛毡病呈红棕色。毛毡状病斑主要分布于叶脉附近，也能相互连接覆盖整个叶片。发病严重时，叶片发生皱缩或卷曲，质地变硬，引起早落叶。在有些树种上，受瘿螨危害后，并不形成典型的毛毡状病斑，而是呈绣球状或穗状，叶片扭曲、皱缩，叶背凹陷，叶面突出，有些则形成虫瘿状，沿叶脉整齐排列成行。尤其顶芽和侧芽被害后，皱缩肿胀，卷曲成团(图 1-79) 。

1　　2

1. 症状；2. 瘿螨。

图 1-79　漆树瘿螨害

(周仲铭，1990)

病原特征：病原是瘿螨(*Eriophyes* spp.)，属蛛形纲真螨目瘿螨总科。成螨体近圆锥形至椭圆形，黄褐色，体长 100~300 μm，体宽 40~70 μm。头胸部有两对步足，腹部较宽大，尾部较狭小，尾部末端有 1 对细毛；背、腹面具有许多皱褶环纹，背部环纹很明显。幼螨体形比成螨小，背、腹部环纹不明显，卵球形，光滑，半透明。

取枫杨毛毡病标本，观察发病部位的隆起情况和表面毛毡状物的形态特征。

6. 炭疽病类

炭疽病是林木上一类普遍发生的病害，针阔叶树上都有发生，特别在阔叶树上更为常见。炭疽病不仅发生于叶片上，也常发生于果实和小枝上，主要引起落叶和落果，有的造成叶枯和枝梢枯死。苗期发病，严重时可使幼苗大量枯死，甚至导致育苗失败，对林木生长和生产影响很大。

(1)核桃炭疽病

病害主要危害核桃的果实和叶片。果实感病初期，果皮上出现褐色至黑褐色圆形或近圆形病斑，中央凹陷，后期病斑中部生出突起的小黑点，散生或排列成轮纹状，雨后或湿度大时，黑点上溢出粉红色黏状物，有时分泌黑色液体，严重时多个病斑连成片，最终导致全果变黑，干缩脱落。叶片染病时，在叶脉间产生黄褐色近圆形病斑，上生小黑点，随着发病程度的加重，病斑面积不断扩大或连接成片，从上到下形成大型烧焦状枯斑，严重时导致叶片干枯脱落。

病原特征：已报道的病原菌有盘长孢状刺盘孢(*Colletotrichum gloeosporioides*)、松针刺盘孢(*Colletotrichum fioriniae*)等。盘长孢状刺盘孢分生孢子盘在叶果、表皮下，褐色；分生孢子圆柱形、长圆形或卵形，单胞，无色，有 1~2 个油滴，大小 8~17.1 μm×2.8~6.02 μm。

取核桃炭疽病标本，观察病斑形状及病斑上的黑色突起或粉红色黏状物。取病叶或病果上黑色突起或粉红色黏质状物制作临时装片或直接取永久装片，镜检观察分生孢子盘和分生孢子的形态特征。

(2)油茶炭疽病

果实受害初期，在果皮上出现褐色小斑，后扩大成黑色圆形病斑。后期病斑出现轮生的小黑点，即病菌的分生孢子盘。天气潮湿时可产生黏稠状粉红色的分生孢子堆。一个果实可有 1 至十余个病斑，病斑扩展后可联合。接近成熟期的病果有时沿病斑中部开裂。未成熟种子病斑褐色或黑褐色，成熟种子病斑为褪色斑，种仁病斑黑褐色。病果易脱落。叶片病斑多发生在叶缘或叶尖，半圆形或不规则形，褐色或黑褐色，边缘紫红色，病斑上常有不规则轮状细皱纹。后期，病斑中部灰白色，其上有轮生小黑点。新梢病斑多发生在基部，椭圆形或梭形，略下陷，边缘淡红色。后期病斑褐色，有黑色小点及纵向裂纹。病斑环梢一周，梢部即枯死。

病原特征：该病由子囊菌门围小丛壳菌(*Glomerella cingulata*)引起。子囊果黑色，略长圆形，散生，半埋于寄主组织，无侧丝。子囊无色，棍棒形，顶端开口，大小 38.0～85.5 μm ×7.6～12.4 μm，群集于子囊壳内垫状物上，呈放射状或扇形。子囊内含子囊孢子 8 个。子囊孢子单胞，无色或淡色，椭圆形或纺锤形，大小 15 μm(长)× 5.6 μm(宽)。其无性型为盘长孢状刺盘孢（*Colletotrichum gloeosporioides*）。分生孢子盘大小 119～255 μm。初期埋生于寄主表皮下，后外露。刚毛暗褐色至黑褐色，顶端略细，有隔膜 1～3 个，45.3 ～108.6 μm ×3～4.5 μm。分生孢子着生在无色、单胞、较短的分生孢子上。分生孢子梗大小 2.5～25.5 μm×3～4.5 μm。每梗端生 1 个孢子。分生孢子无色，单胞，长椭圆形，两端钝圆，中间有时稍窄，大小 12～24 μm ×4～6 μm。内有许多颗粒物，有时可见到油滴 1～2 个。萌发时产生或不产生附着胞(图 1-80)。

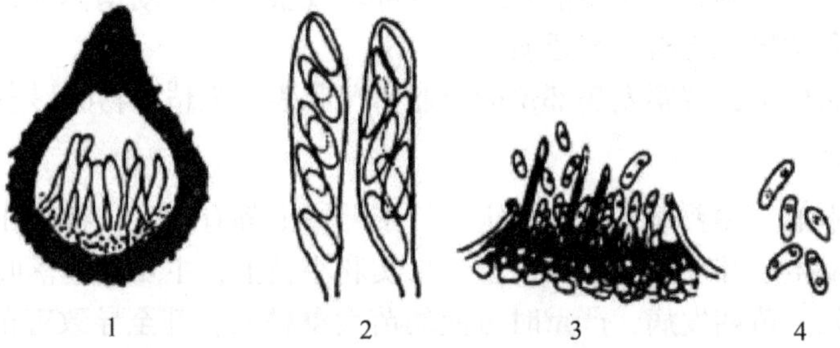

1. 子囊壳；2. 子囊和子囊孢子；3. 分生孢子盘；4. 分生孢子。

图 1-80　油茶炭疽病

（贺伟等，2017）

取油茶炭疽病标本，观察果实或叶片上病斑形状及病斑上的黑色突起或粉红色黏状物。取病叶或病果上黑色突起或粉红色黏状物制作临时装片，或直接取永久装片，镜检观察分生孢子盘和分生孢子的形态特征。

【作业与思考】

1. 任选 5 种病害，填写表 1-4。

表 1-4　林木叶部病害症状观察记录表

病害名称	症状类型	病原种类	病原物形态特征

2. 了解林木叶部病害的主要类型，简述该类病害的主要症状特点。

3. 小组讨论不同林木叶部病害的发生特点及防治策略。

4. 白粉病发病初期的病状明显吗？为什么？思考这种特点与白粉菌的专性寄生特性的关系。

实验18　林木枝干病害症状识别与病原观察

数字图像

枝干病害是一类重要的林木病害，常引起枝枯或全株枯死，严重影响林木的产量、质量，造成经济、社会和生态损失。该类病害病原种类多，症状各异。常见的林木枝干病害有锈病类、溃疡病类、枯萎病类和丛枝病类。

【目的与要求】

掌握林木枝干病害的主要症状特点和病原菌的主要形态特征，为林木枝干病害的诊断和鉴定打下基础。

【实验准备】

1. 实验材料

准备各种类型的林木枝干病害标本、纯培养物及永久装片，种类具体如下：

(1)锈病类

松疱锈病(*Cronartium ribicola*)、松瘤锈病(*Cronartium quercuum*)、梨—圆柏锈病(*Gymnosporangium yamadai* 和 *G. asiaticum*)、竹秆锈病(*Stereostratum corticioides*)。

(2)溃疡病类

槐树溃疡病(*Fusarium tricinctum*, *Botryosphaeria dothidea*)、月季枝枯病(*Coniothyrium fucklii*)、杨树溃疡病(*Botryosphaeria dothidea*)、杨树烂皮病(*Valsa sordida*)、杨树大斑溃疡病(*Dothichiza populea*)、欧美杨细菌性溃疡病(*Lonsdalea quercina* subsp. *populi*)、核桃枝枯病(*Melanconium oblongum*)、核桃溃疡病(*Botryosphaeria dothidea*)、松烂皮病(*Cenangium ferruginosum*)、板栗疫病(*Cryphonectria parasitica*)。

(3) 丛枝病类

泡桐丛枝病、枣疯病、桑萎缩病(*Phytoplasma*)、竹丛枝病(*Aciculosporium take*)、苦楝丛枝病。

(4)枯萎病类

松材线虫病(*Bursaphelenchus xylophilus*)、合欢枯萎病(*Fusarium oxysporum*)、桉树青枯病(*Ralstonia solanacearum*)。

(5)寄生性种子植物

中国菟丝子(*Cuscuta chinensis*)、日本菟丝子(*Cuscuta japanica*)。

2. 实验器具

显微镜、手持放大镜、解剖针、镊子、盖玻片、载玻片等。

【实验步骤】

1. 锈病类枝干病害症状识别与病原观察

(1) 松疱锈病

性孢子在罹病松树枝干皮层，呈泪滴状，初期为白色，后渐变为黄色或黄褐色，干枯后呈“血迹”状斑点。在病部长出橘黄色疱囊，囊破散放出黄色锈孢子，皮部加粗变厚并流出松脂，在茶藨子或马先蒿转主寄主植物叶背上产生夏孢子堆，夏孢子堆为带油脂光泽并具包膜的橘黄(红)色丘疹状突起，夏孢子堆中产生大量橘黄色夏孢子。从夏孢子堆中(旁)生出冬孢子柱，冬孢子柱毛刺状，黄褐色至红褐色，成熟后萌发产生担子，每个担子可产生 4 个无色的担孢子(图 1-81)。

1. 病树上的锈孢子器；2. 病树上流出油滴；3. 锈孢子；4. 性孢子；5. 马先蒿上的夏孢子堆和冬孢子柱；6. 夏孢子；7. 冬孢子萌发。

图 1-81　松疱锈病

(贺伟等，2017)

病原特征：病原为茶藨生柱锈菌(*Cronartium ribicola*)，属担子菌门锈菌目柱锈菌属。性孢子器扁平，埋生在皮层中，性孢子无色，梨形。锈孢子器为黄色囊状物。锈孢子球形至卵形，表面有疣，鲜黄色。夏孢子堆产生于转主寄主叶背，夏孢子堆为带油脂光泽并具包膜的橘黄(红)色丘疹状突起，初为带光泽的橘红色疹状，裂后呈橘红色的粉堆，夏孢子球形至椭圆形，表面有细刺，鲜黄色。冬孢子柱毛刺状，黄褐色至红褐色。冬孢子梭形。担孢子球形，有喙，透明无色，具油滴。

取松疱锈病标本，观察枝干部皮层病部的颜色、肿胀特征，橘黄色疱囊及其转主寄主叶片上面的夏孢子堆和冬孢子柱着生特征。观察永久装片中锈孢子、夏孢子和冬孢子特征，或者制作临时装片，挑取病斑上的各阶段孢子，观察孢子的形态特征。

(2) 松瘤锈病

瘿瘤生在松树的主干或侧枝上，通常圆形，直径大小不一，大的可达 60 cm，小的则为 5 cm。瘿瘤表面的皮层不规则破裂，露出浸透松脂的木质部，其颜色变深。瘿瘤上部的枝条或树干日久即枯死或风折。

病原特征：病原为栎柱锈菌(*Cronartium quercuum*)，属担子菌门锈菌目柱锈菌属。性孢子和锈孢子产生在松树病枝的瘿瘤皮层下，性孢子无色，大小 2~3 μm×1.5~2 μm，混杂在黄色蜜液内，自皮层裂缝中外溢。锈孢子器扁平、疱状，橙黄色；锈孢子球形或椭圆形，大小 22~35 μm×16~23 μm，黄色或近无色，表面有粗疣。夏孢子和冬孢子产生在栎和栗类的叶片上。夏孢子堆黄色，半球形；夏孢子卵形至椭圆形，大小 20~32 μm×14~22 μm，内含物橙黄色，壁无色，表面有细刺；冬孢子柱褐色，毛状，长约 2 mm；冬孢子长椭圆形，黄褐色，30~40 μm×14~20 μm，冬孢子互相连接成柱状。冬孢子萌发产生担子及担孢子(图 1-82)。

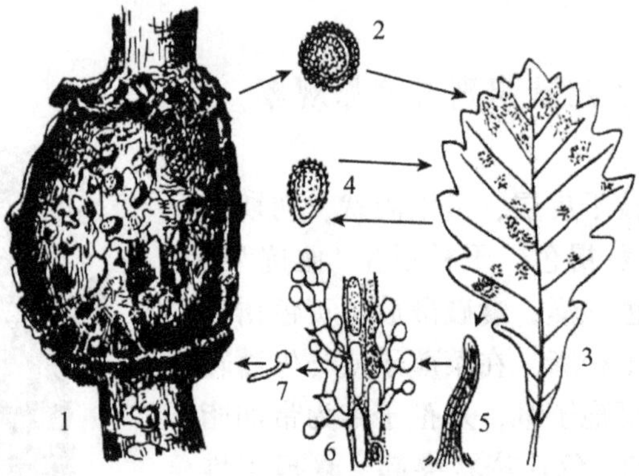

1. 瘿瘤上的疱囊；2. 锈孢子；3. 蒙古栎叶上的冬孢子柱；4. 夏孢子；5. 冬孢子柱；6. 冬孢子萌发产生担子和担孢子；7. 担孢子萌发。

图 1-82　松瘤锈病

(贺伟等，2017)

取松瘤锈病标本，观察枝干部皮层病部瘿瘤大小、数量特征，橘黄色疱囊及其转主寄主叶片上面的夏孢子堆和冬孢子柱着生特征。观察永久装片中锈孢子、夏孢子和冬孢子特征，或者直接制作临时装片，挑取病斑上的各阶段孢子，观察孢子特征。

(3)竹秆锈病

病害主要危害竹子枝干，夏孢子堆产生于竹秆基部、下部和中部，黄褐色至暗褐色粉质状突起，椭圆形至条形，脱落后病斑呈黑褐色，老病斑外侧出现黄斑；冬孢子堆橙黄色毡状物，呈椭圆形，长条形至不规则形，遇雨水后吸水膨胀，反卷脱落。

病原特征：病原为皮下硬层锈菌(*Stereostratum corticioides*)，属担子菌门锈菌目层锈菌属。夏孢子近圆形至卵形，边缘具小刺状突起，淡黄褐色至近无色，单胞。冬孢子近球形至广椭圆形，两端圆，双胞，淡黄色至无色，横隔处稍有缢缩，表面平滑，柄细长，淡色至无色(图 1-83)。

取竹秆锈病标本，观察主要竹节两侧冬孢子堆和夏孢子堆的颜色特征，在显微镜下观察永久装片中的冬孢子和夏孢子特征，注意观察冬孢子形状、大小、两端特征，以及细胞数量及其与柄锈属菌物冬孢子的特征异同，夏孢子注意孢子的颜色、形状及其表面的结构。

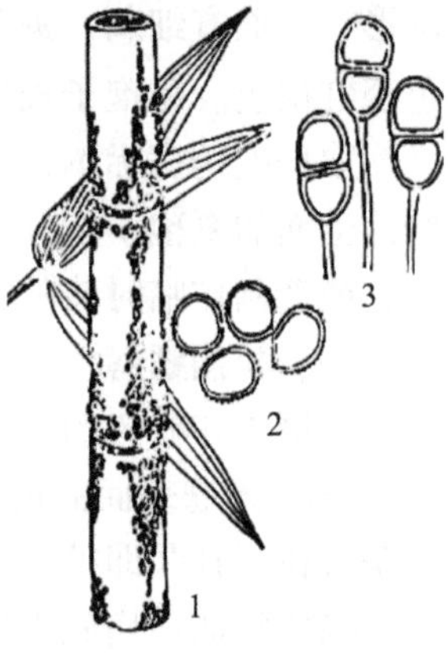

1. 竹秆上的锈孢子堆；2. 锈孢子；3. 冬孢子。

图 1-83　竹秆锈病

(贺伟等，2017)

2. 溃疡病类枝干病害症状识别与病原观察

(1)槐树溃疡病

病害主要危害槐树枝干，由镰孢菌引起的症状，多发生在大苗或大树的枝条上；初期病皮呈水渍状，渐发展为梭形或不规则形病斑，病斑中央稍凹陷，呈湿腐状，病斑后期出现橘红色分生孢子堆；由葡萄座腔菌属病原引起的症状，病害初期多从皮孔开始，病斑圆形，黄褐色，水渍状，后期病部失水凹陷并开裂，其上产生黑色子实体，为病原分生孢子器。

病原特征具体如下：

①三线镰孢菌(*Fusarium tricinctum*)：属半知菌门瘤座孢目镰孢菌属。此菌在 PDA 培养基上菌落圆形，产生大量气生菌丝，培养基内有桃红色至紫红色色素。分生孢子有两种类型：大型分生孢子镰刀形，2~5 个隔膜，多数为 3 个隔膜，无色，大小 25~36 μm×3~5 μm；老熟孢子可形成厚垣孢子；小型分生孢子为长卵圆形，单生，大小 7~12 μm×3.5~5.3 μm。

②葡萄座腔菌(*Botryosphaeria dothidea*)：属子囊菌门格孢腔菌目葡萄座腔菌属。子囊座球形或梨形，形似子囊壳，黑褐色，常成簇埋生在中型至大型黑色垫状子座内，后突出呈葡萄穗状，丛生在子座上，内生单个子囊腔与假孔口相通。子囊多个，棍棒形或圆筒形，壁双层，柄短，并列，有拟侧丝(图 1-84)。

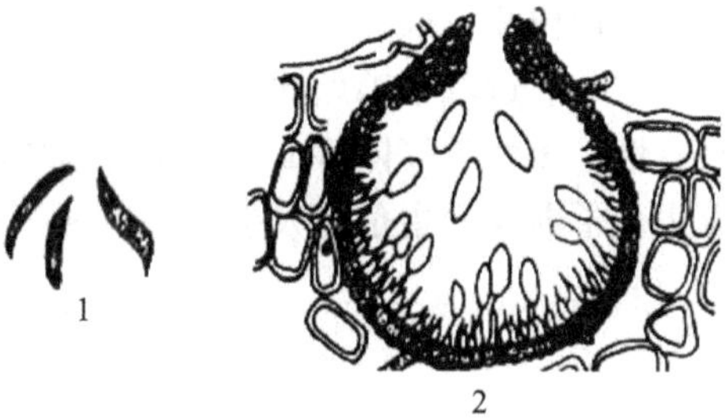

1. 三线镰孢菌的分生孢子；2. 聚生小穴壳菌的分生孢子器和分生孢子。

图 1-84 槐树溃疡病

(周仲铭，1990)

取槐树溃疡病标本，观察由 2 种病原引起的病害受害部位及症状特征，观察受害部位病斑上出现橘红色分生孢子堆还是小黑点。自制临时装片，挑取橘红色分生孢子堆，观察分生孢子盘及分生孢子的形态特征，切取带黑点子实体的病斑，以通草作为固定媒介，制作徒手切片，观察子座特征，分生孢子器是单生还是集生，分生孢子器及分生孢子的形状、大小和颜色等形态特征。

(2)月季枝枯病

病害主要危害月季枝干，发病初期，枝干上出现灰白色、黄色或红色小点，后扩大为椭圆形至不规则形病斑，中央灰白色或浅褐色，有清晰的紫色边缘，后期病斑下陷，表皮纵向开裂。溃疡斑上着生许多黑色小颗粒，即病菌的分生孢子器。老病斑周围隆起，病斑环绕枝条一周，引起病部以上部分枯死。

病原特征：病原为伏克盾壳霉(*Coniothyrium fucklii*)，属半知菌门球壳孢目盾壳霉属。分子孢子器埋生于枝条表皮下，扁球形，壁黑色，直径 180~250 μm。分生孢子近球形、短椭圆形或卵形，大小 2.5~4.5 μm×2.5~3.0 μm，有色。分生孢子梗短，无色。

取月季枝枯病标本，观察病害发生的部位及病斑的形状、大小、是否下陷和纵裂特征，切取带黑点的溃疡斑，软化病斑组织，以通草作为固定媒介，制作徒手切片，观察分生孢子器及分生孢子大小、形状和颜色等特征。

(3)杨树溃疡病

病害主要危害杨树树干，光皮树种上的症状表现为水泡状，初期，明显隆起，圆形或椭圆形，内部饱含水液，表面光滑。后期，在水泡一侧或正表面出现小孔状或纵裂状破口，破裂口附近残留黑褐色物质，破裂口以下残留流汁的条状痕迹，水泡下陷，干瘪。干基部布满点、片、带状的红褐色、黑褐色水液痕迹。粗皮树种上的症状表现为水渍状或在枝干部出现梭形、椭圆形或不规则的浸润斑，危害枝条时出现枝枯型症状。

病原特征：病原为葡萄座腔菌(*Botryosphaeria dothidea*)，属子囊菌门葡萄座腔菌目葡萄座腔菌属。子座单生，直径 0.2~0.4 cm，集生 2~7 cm，子囊孢子埋生在子座内，洋梨形；子囊呈棒形，具短柄，壁双层，顶壁稍厚，内含 8 个子囊孢子，子囊间有假侧丝；子囊孢子单胞，无色，倒卵形，大小 15.0~19.4 μm×7.0~11.0 μm。无性型为七叶树壳梭孢(*Fusicoccum aesculi*)，属半知菌门球壳孢目壳梭孢属。在寄主表皮下形成分生孢子器，暗色，球形，单生或集生，大小 97~233.0 μm×97~184.3 μm；分生孢子单胞，无色，梭形，大小 19.4~29.1 μm×5.0~7.0 μm(图 1-85)。

取杨树溃疡病标本，观察病害发生部位，观察光皮树种、粗皮树种及不同树龄病害症状的差异。选取带黑点的溃疡，软化病斑组织，以通草作为固定媒介，制作徒手切片，观察有性、无性子实体特征，观察有性型的子囊座、子囊、子囊孢子的特征，观察无性型的分生孢子器及分生孢子大小、形状和颜色等特征。

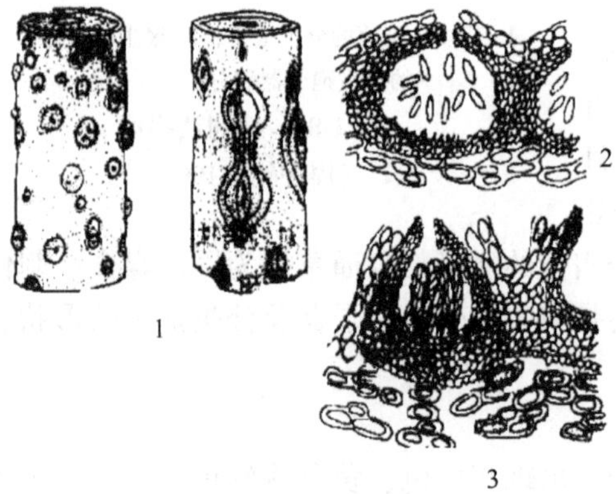

1. 症状；2. 分生孢子器；
3. 子囊腔子囊孢子。

图 1-85　杨树溃疡病

（贺伟等，2017）

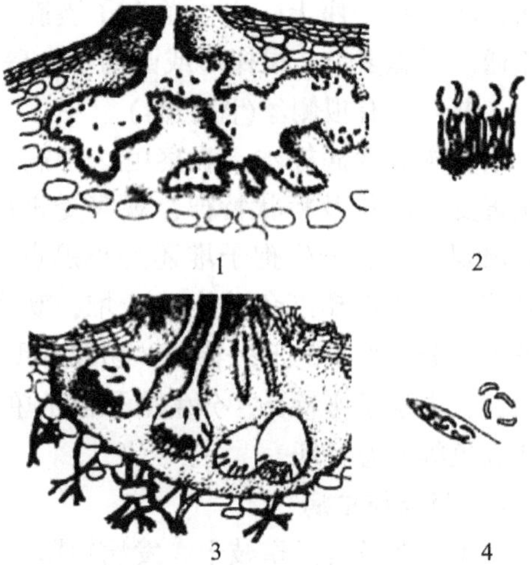

1、2 分生孢子器、分生孢子梗和分生孢子；
3、4 子座、子囊壳、子囊和子囊孢子。

图 1-86　杨树烂皮病

（贺伟等，2017）

(4)杨树烂皮病(腐烂病)

病害主要危害杨树树干及枝条上，表现为干腐及枯梢两种类型。干腐型主要发生在主干、大枝及树干分叉处，发病初期病部呈暗褐色水渍状斑，略微肿胀，病部皮层组织呈丝状腐烂变软，并散发酒糟发酵气味，用手压有水渗出；失水后树皮干缩下陷，呈龟裂状，病斑边缘明显；后在病斑上长出黄色或橙色针头状小突起的分生孢子器；潮湿后，自针头状小突起中挤出橘红色胶质卷丝状物；感病组织皮层变成暗褐色，糟烂，纤维细胞分离，并易与木质部分开。枯梢型主要发生在 1~4 年生幼树或大树上，发病初期呈暗灰色，病部迅速扩展，环绕枝条一周后枝条便死亡，后期在病枝上形成许多散生的分生孢子器。

病原特征：病原为污黑腐皮壳菌(*Valsa sordida*)，属子囊菌门间座壳目黑腐皮壳属。

该菌子囊壳多个，埋生于子座内，呈长颈瓶状，直径350~680 μm，高580~896 μm；子囊棍棒形，中部略膨大，子囊孢子腊肠形，双行排列，大小2.5~3.5 μm×10.1~19.5 μm。分生孢子器埋生于子座内，不规则形，孔口突出寄主表皮面外露，分生孢子器直径0.89~2.23 mm，高0.79~1.19 mm。分生孢子单胞，无色，腊肠形，大小0.68~1.36 μm×3.73~6.80 μm(图1-86)。

取杨树烂皮病标本，观察病害发生部位，观察发生主干与枝梢部位病害症状的差异，主干部位是否有酒糟味，病斑组织上出现橘红色或者粉红色的胶质卷丝状物，选取带黄色或橙色针头状小突起的病斑，软化病斑组织，以通草作为固定媒介，制作徒手切片，观察分生孢子器及分生孢子的大小、形状和颜色等特征。

(5)杨树大斑溃疡病

病害主要危害杨树的主干及枝条，病斑多发生在皮孔、伤口、叶痕及枝条分叉处。初期病斑呈水渍状，后病斑下陷，黄褐色至黑色；近圆形、椭圆形或不规则形，病斑大小不一；后期病皮往往纵裂，表面生出许多扁圆形突起的小黑点，有时呈同心环状或直线状排列，即为病菌的分生孢子器，潮湿时挤出乳白色至淡黄色短链状而风干后呈褐色盾状的分生孢子角或孢子堆。当病斑不断发展环绕树干一周时，引起树冠上部的枝枯和梢枯。

病原特征：病原为杨疡壳孢菌(*Dothichiza populea*)，属半知菌门球壳孢目疡壳孢属。分生孢子器扁圆形，平滑，暗黑色，单生或聚生于子座内。子座大小0.5~3.0 mm，成熟时自树皮突出，不规则开裂。分生孢子器大小160~200 μm×120~150 μm，分生孢子单胞，无色，球形到卵圆形，大小9~14 μm×7~9.5 μm(图1-87)。

1. 分生孢子；2. 分生孢子器。

图1-87　杨树大斑溃疡病

(贺伟等，2017)

取杨树大斑溃疡病标本，观察病害发生部位，病斑是否在皮孔、伤口、叶痕及枝条分叉处，病斑的形状、大小、是否有纵裂、是否出现乳白色至淡黄色短链状而风干后呈褐色盾状的分生孢子角或孢子堆，选取出现扁圆形突起小黑点的病斑，软化病斑组织，以通草作为固定媒介，制作徒手切片，观察分生孢子器及分生孢子的大小、形状和颜色等特征。

(6)欧美杨细菌性溃疡病

病害常表现为溃疡腐烂型和肿胀型。溃疡腐烂型在树木主干和侧枝的树皮上形成纵裂缝和长形溃疡斑。树干从基部向上至十余米高的范围内均可出现溃疡，而以树干的中部和中上部较多。1株树上可产生1至数个病斑。初期在枝干上形成小型病斑，树皮呈湿润状，切开病皮可见木质部表面的形成层上出现白色乳状黏液，韧皮部呈褐色，随着病斑逐渐扩展，病部皮层开裂，从中流出白色乳状黏液，发出酸臭味。伴随着树液伤流，自发病部位流出大量黄褐色至褐色液体，沿树干流下。发病后期，病部皮层干枯，与木质部剥离，呈麻丝状。溃疡斑一般长15~50 cm，宽4~8 cm。肿胀型主要在1~2年生的主干和侧枝上，常局部出现疙瘩状肿胀，剖开肿胀处，皮层变色处呈不规则线纹，其下木质部表层少许变色。

病原特征：病原为 *Lonsdalea quercina* subsp. *populi*，属变形菌门肠杆菌目 *Lonsdalea* 属。

杆状，菌体大小0.5~1.0 μm×1.0~2.0 μm，革兰氏染色阴性，鞭毛周生，4根，具有运动能力。

取欧美杨细菌性溃疡病标本，观察溃疡腐烂型和肿胀型两种类型病害症状出现的部位、树龄及特征。拍摄电镜照片，了解病原细菌的形状、大小、鞭毛的数量及着生方式。

(7)核桃枝枯病

病害危害核桃的枝梢、侧枝，后逐渐蔓延到主干。受害枝条皮层初呈暗灰褐色，后变为浅红褐色或深灰色，大枝病皮下陷，病皮死亡干燥纵裂有缝。病死皮层生出许多小黑点，为分生孢子盘，直径0.8~2 mm。遇下雨湿润后，分生孢子挤出成黑色短柱孢子角，再遇到降雨孢子角溶开，覆在病枝上，如同墨汁涂在枝干上。

病原特征：病原为矩圆黑盘孢(*Melanconium oblongum*)，属半知菌门黑盘孢目黑盘孢属。分生孢子盘直径0.9~1.2 mm。分生孢子梗无色，常不分枝，大小25~50 μm×3~4 μm，基部分枝，顶端具1~5个环痕，分生孢子初无色，成熟后呈褐色，单胞，卵形或椭圆形，两边常不对称，大小16~27 μm×8~13 μm(图1-88)。

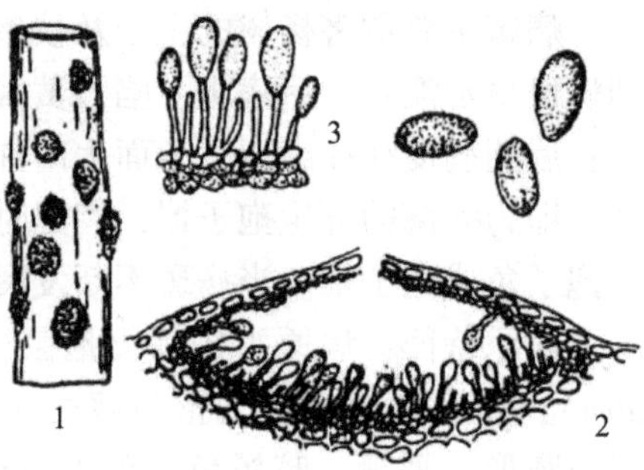

1. 病害症状；2. 分生孢子盘；3. 分生孢子。

图1-88 桃枝枯病症状及其病原菌形态

(孙小茹等，2017)

取核桃枝枯病标本，观察病害发生部位，病斑的形状、大小、是否有纵裂，坏死组织病斑上是否出现黑色小点；选取上述小黑点的病斑，软化病斑组织，以通草作为固定媒介，制作徒手切片，观察分生孢子盘及分生孢子的大小、形状和颜色等特征。

(8)核桃溃疡病

病害主要危害核桃树干、主侧枝和果实。幼枝感病，病斑初期呈水渍状或明显的水泡状，破裂后流出褐色黏液，形成黑褐色近圆形病斑，后期病斑干缩下陷，中央开裂，散生众多小黑点或呈线状排列的黑色小点。树干感病，病斑呈水渍状，中心黑褐色，四周浅褐色，无明显边缘，病皮下的韧皮部与内皮层腐烂，呈褐色或黑褐色。果实感病，病斑初期近圆形，褐色至暗褐色，大小不等，病斑处产生许多褐色至黑色粒状物。

病原特征及其观察方法同杨树溃疡病。

(9)松烂皮病

病害主要危害松树枝干，发病部位针叶变黄绿色至灰绿色，后逐渐变为褐色至红褐色，被害枝干因失水而收缩起皱，随后病斑继续扩展，皮层迅速坏死，由下部枝条逐渐向上层枝条及主枝扩展。当病斑绕干一周时，其上部枝干干枯死亡，死亡侧枝干枯下垂。子实体在皮下形成，子囊盘杯状，黄褐色。

病原特征：病原为铁锈薄盘菌(*Cenangum ferruginosum*)。子囊盘自树皮下生出，无柄或短柄，单质，暗褐色，子囊棍棒形、内有孢子8个，子囊孢子椭圆形(图1-89)。

观察松烂皮病标本，注意观察病害发生部位、针叶颜色变化及其子实体出现的部位及特征；选取皮下的杯状子实体，以通草作为固定媒介，制作徒手切片，观察子囊盘形状、子囊形状、侧丝，以及子囊孢子的大小、数量及其形状等特征。

(10) 板栗疫病

病害主要危害板栗主干或枝条，初期在光滑的树皮上形成边缘不规则的水渍状，边缘略隆起的黄褐色至褐色病斑；在粗糙的树皮上病斑外观不明显，受害处皮层呈深褐色至黑褐色，边缘不明显，韧皮部变色死亡，形成典型的溃疡和烂皮，病斑组织初期湿腐，有酒糟味，失水后树皮干缩纵裂，木质部可见有污白色至淡黄色的扇形菌丝体(菌丝扇)；春季在病斑上产生橘红色疣状子座。

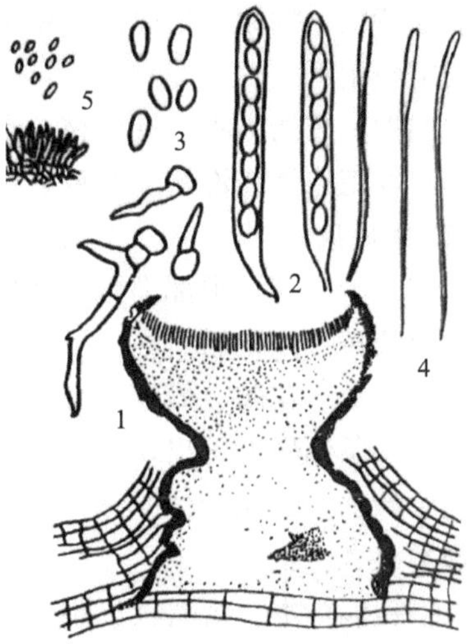

1. 子实体纵切面；2. 子囊和子囊孢子；3. 子囊孢子及其萌发状态；4. 侧丝；5. 性孢子及性孢子梗。

图 1-89　松烂皮病

(周仲铭，1990)

病原特征：病原为栗疫菌(*Cryphonectria parasitica*)，属子囊菌门球壳目隐丛赤壳属。子座自树皮裂缝中突出，直径 0.3~2 mm，呈橘红色，内生分生孢子器和子囊壳。分生孢子器呈不规则形，大小不一，多室，内腔壁上密生分生孢子梗。分生孢子梗无色，单生，很少有分枝，其上着生分生孢子。分生孢子单胞，无色，长椭圆形或圆柱形，直或稍弯，大小 2.4~3.0 μm×1.2~1.3 μm。子囊壳茶褐色至黑色，球形或扁球形，直径 150~350 μm，深埋在子座组织中，1 个至多个，颈细长，黑色，下部色淡，长达 600 μm，长颈伸出子座顶部。子囊棒状，顶壁增厚，中有孔道，周围有一亮环结构，大小 36~42 μm×5.5~7.0 μm。子囊孢子 8 个，呈单行或不规则排列，椭圆形，双胞，无色(图 1-90)。

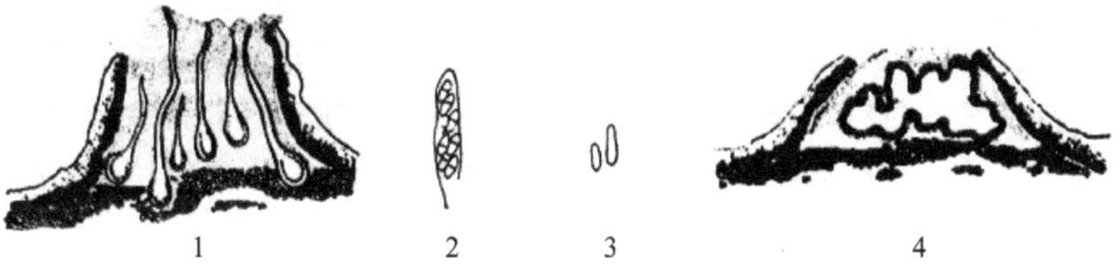

1. 子囊壳；2. 子囊和子囊孢子；3. 分生孢子；4. 分生孢子器。

图 1-90　板栗疫病

(杨旺等，1996)

取板栗疫病标本，观察病害的发生部位，主干部位、侧枝及枝条部位病害发生的特点，木质部菌丝扇特征，树皮纵裂特征。选取枯死主干或者侧枝上的橘红色疣状子座，以通草作为固定媒介，制作徒手切片，观察子囊壳、子囊形状，子囊孢子的大小、数量、形状或者分生孢子器、分子孢子梗、分生孢子的形态特征。

3. 丛枝病类枝干病害症状识别与病原观察

(1) 泡桐丛枝病

在枝、干、花和根部都可表现病状，枝条上萌发出不正常的细弱小枝，小枝上的叶片小而黄，叶序紊乱，表现为局部枝叶密集成丛，呈扫帚状。

病原特征：病原为植原体，单细胞原核生物，无细胞壁，由细胞膜包围，属细菌界硬壁菌门柔膜菌纲。

取泡桐丛枝病标本，观察枝、干、腋芽、花和根部的病状特征，关注其与正常部位的差异，掌握植原体在泡桐上的危害特点。

(2)枣疯病

在枝、干、花、根部都可表现病状。枝叶受害后，呈丛生枝，病枝纤细，其上着生的叶片小而淡黄，入秋后干枯，不易脱落；病株花器退化为营养器官，花梗变大，呈明显的小分枝，萼片、花瓣、雄蕊皆可变成小叶；根部受害后主根大量萌发不定芽，形成一丛丛短疯枝，一条侧根上可出现若干丛病根蘖，枝细，叶小，色黄绿。

病原特征：病原为植原体，无细胞壁，仅以厚度约 10 nm 的膜所包围。病原通过嫁接和叶蝉类媒介昆虫传播。

取枣疯病标本，观察枝、干、花和根部的病状特征，关注其与正常相同部位的病状差异，掌握植原体在枣树上的危害特点。

(3)竹丛枝病

发病竹子叶子变黄，植株矮小，枝条丛生，枝叶稀疏等，叶子有时呈现红色或紫色。

病原特征：病原为竹针孢座壳菌(*Aciculosporium take*)，属子囊菌门麦角菌科。菌丝组织包裹寄主病枝梢端组织形成米粒状的假子座，假子座内生有多个不规则相互连通的腔室，腔室中生有大量的分生孢子。分生孢子无色，细长，长 37.8~56.7 μm，有 3 个细胞，两端的细胞稍宽，1.9~2.5 μm，中间细胞稍细，1.3~1.9 μm。假子座外部一侧常产生淡褐色垫状子座，长 3~6 mm，宽 2~2.5 mm，与假子座连接处稍缢缩。子囊密集埋生于子座表层，瓶状，成熟时露出乳头状的孔口，大小 380~480 μm×120~160 μm。子囊细长棒状，大小 240~280 μm×6 μm。子囊孢子线形，无色，大小 220~240 μm×1.5 μm。

取竹丛枝病标本，观察叶和枝条病状特征，重点观察鸟巢状侧枝，关注其与正常相同部位的病状差异，掌握竹针孢座壳菌的危害特点。然后用挑针轻轻挑取叶鞘内的白色米粒状物，制作徒手切片，观察假子座和分生孢子的大小、数量、形态等特征，绘制形态图。

(4)苦楝丛枝病

苦楝侧枝先感病，病枝的腋芽和不定芽大量萌发成许多垂直向上的小枝，形成丛枝，呈扫帚状。

病原特征：由植原体和木质部小菌属(*Xylella* sp.)细菌联合引起。木质部小菌属细菌为多态形，大小 0.16~0.3 μm×0.45~0.9 μm。

取苦楝丛枝病标本，观察侧枝、腋芽等部位的病状特征，关注其与正常相同部位的病状差异，掌握植原体和木质部小菌属细菌在苦楝上的危害特点；查看植原体和木质部小菌属细菌的电镜照片。

(5)桑萎缩病

桑萎缩病根据症状可分为黄化型萎缩病、萎缩型萎缩病和花叶型萎缩病 3 种。黄化型萎缩病，发病初期，枝条顶端桑叶变小，叶脉变细，稍向反面卷曲，叶黄化，生出一些细小丛生的侧枝；萎缩型萎缩病，初期叶片缩小，叶面皱缩；中期枝条顶部或中部腋芽早发，生出较多侧枝，叶黄化，质粗硬；末期枝条生长显著不良，徒长瘦枝如扫帚状，病叶更小，最后枯死。花叶型萎缩病，发病初期，病叶叶肉退绿变薄，最初呈不相连的淡绿色斑块，叶脉附近保持绿色，构成黄绿相间的花叶症状，后期病叶缩小，向上卷缩显著，质地粗糙，叶背叶脉变褐，疣状和棘状突起明显。

病原特征：桑黄化型和萎缩型萎缩病均由植原体引起，花叶型萎缩病由病毒侵染所致。

取黄化型桑萎缩病标本，观察树体塔形病状特征，观察健康和发病部位叶片的大小、厚薄、颜色、质地；取萎缩型桑萎缩病标本，观察枝条节间变短、丛枝和叶片特征；取花叶型萎缩病标本，观察发病部位叶背叶脉颜色和隆起特征，同时观察比较叶片颜色、质地等与上述两种萎缩病症状的差异；查看植原体和病毒的电镜照片。

4. 枯萎病类枝干病害症状识别与病原观察

(1) 松材线虫病

发病松树针叶失水，松针倒挂，褪绿，继而变褐，后整株枯死，针叶全部呈红黄色，木质部出现褐变。

病原特征：松材线虫两性成虫虫体细长，唇区高，缢缩显著；后阴子宫囊延伸成袋状，长约为肛阴距的3/4；中食道球明显，雌成虫阴门位于虫体3/4处，上有阴门盖覆盖，尾部圆锥形无明显尖突；雄成虫交合刺大，近端喙突明显、尖细，远端有清晰的盘状突起；雌虫尾端宽圆，无尾尖突或尾端指状，尾尖突长1 μm；左右尾弓形，尾端尖细，交合伞卵形，透明包裹于尾端(图 1-91)。

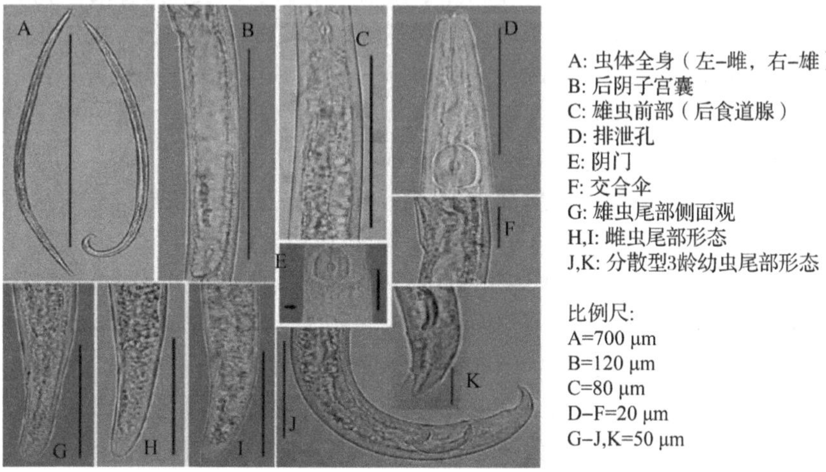

图 1-91　松材线虫的形态

(贺伟等，2017)

取松材线虫病标本，观察受害针叶颜色变化、木质部质地、蓝变、媒介昆虫产卵刻槽、羽化孔、木质部受害特征等；显微镜下观察雌、雄成虫、不同虫龄幼虫的形态特征，绘制形态图。

(2) 合欢枯萎病

幼树受害后叶片变黄，树体衰弱，茎基部变软，易猝倒，后叶片开始萎蔫枯死，最后全株枯死；大树受害后，先从枝条基部叶片出现症状，病枝叶片颜色变淡，呈浅绿色或淡黄色，萎蔫下垂，后期叶片干枯脱落，继而枝条开始干枯，逐步扩展到整株至死亡。受害树干或枝的皮孔肿胀破裂，截开树枝、主干断面，可见一整圈变色环，树根部断面呈褐色或黑褐色。

病原特征：病原为尖镰孢菌合欢专化型(*Fusarium oxysporum*. f. sp. *perndiosium*)，分生孢子长椭圆形至卵圆形或腊肠形，着生在侧生瓶状小梗或短的侧生分生孢子梗的瓶状小梗上。大型分生孢子为镰刀形，稍弯，小型分生孢子卵圆形，菌丝间生或顶生厚垣孢子，单胞或双胞。厚垣孢子近球形、淡黄色(图 1-92)。

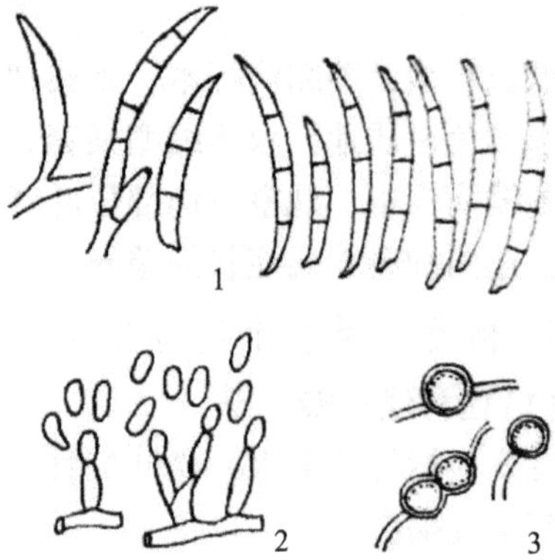

1. 大型分生孢子及其着生方式；2. 小型分生孢子及其着生方式；3. 厚垣孢子。

图 1-92 合欢枯萎病

(贺伟等，2017)

取合欢枯萎病标本，观察叶片颜色变化、树枝和主干断面的变色环等特征。用刀片轻轻刮取病斑上长出的粉红色分生孢子堆，制作徒手切片，观察分生孢子梗和分生孢子的形态、大小和颜色等特征。

(3) 桉树青枯病

发病症状可分两种类型：急性型和慢性型。急性型，病株叶片急速失水萎蔫，叶悬挂于枝条上不脱落，呈现典型的“青枯”症状；枝干表面有时会出现褐色至黑褐色的条斑，解剖茎干，木质部变黑褐色，地下根部腐烂，皮层脱落，木质部和髓部坏死，坏死的根茎有臭味。慢性型，病株表现发育不良、矮小、下部叶片先变成紫红色，后逐渐加深并向上发展，最后叶片干枯脱落，部分茎干和侧枝出现不规则黑褐色坏死斑，严重时整株枯死。将病根、茎横切面浸入清水中，清水变成乳白色，将清水滴在横切面上，切面的木质部出现白色至淡黄色的细菌脓液，有时呈环状溢出，这一特征是诊断青枯病的重要依据。

病原特征：病原为茄拉尔氏菌(*Ralstonia solanacearum* = *Pseudomonas solanacearum* = *Burkholderia solanacearum*)。病菌菌体短杆状，大小 1.5~2.3 μm×0.5~0.7 μm，极生鞭毛 1~3 根，革兰氏染色阴性。

取桉树青枯病标本，观察叶片萎蔫状态和颜色、树枝和主干断面的黑褐坏死斑等特征；注意观察病原细菌在病组织的溢脓现象、溢脓方式和革兰氏染色反应，观察细菌电镜下的形态特征照片。

5. 寄生性种子植物

菟丝子为一年生草本，无根，无叶或叶退化为鳞片状，无叶绿体，以吸器伸入寄主体内吸取养分和水分。菟丝子主要有两种：中国菟丝子和日本菟丝子。

(1) 中国菟丝子

茎纤细，直径 1 mm 以下，黄色；花侧生，簇生呈小伞形或小圆伞形，花冠白色，壶形；蒴果，内有种子 2~4 粒。

(2)日本菟丝子

茎较粗壮，直径 1~2 mm，黄白色，具突起紫斑，多分枝；花序穗状，花冠钟状，白色；蒴果，内含种子 1~2 粒。

取菟丝子标本，观察菟丝子茎的直径、颜色等特征。注意区别中国菟丝子和日本菟丝子的形态学差异。

【作业与思考】

1. 任选 5 种病害，填写表 1-5。

表 1-5 林木枝干病害症状观察记录表

病害名称	症状类型	病原种类	病原物形态特征

2. 比较不同类型病原物(真菌、细菌和植原体)危害症状的差异。
3. 查阅文献，了解松材线虫病的发生和成灾机制。
4. 结合松材线虫病在我国的发生历史和现状，了解维护国家生物安全和生态安全的重要意义。

实验 19 林木根部病害症状识别与病原观察

数字图像

根部病害种类虽然没有叶部和枝干部多，但其常常造成毁灭性危害。根据症状可将林木根部病害分为苗枯类、烂根类、根颈腐烂类和萎蔫类等。正确识别根部病害的症状特征和病原特点，有利于科学诊断和防控根部病害。

【目的与要求】

掌握常见林木根部病害的主要症状特点和病原的主要形态特征，为林木根部病害诊断和鉴定打下良好基础。

【实验准备】

1. 实验材料

准备各种类型的林木根部病害标本、纯培养物及永久装片，种类具体如下：

幼苗猝倒病（*Rhizoctonia solani*，*Pythium aphanidermatum*，*Pythium ultimum*，*Fusarium solani*，*F. oxysporum*）、银杏茎腐病（*Macrophomina phaseolina*）、文冠果根茎腐病（*Fusarium* sp.）、轮枝孢菌（*Verticillium* sp.）、根癌病（*Agrobacterium tumefaciens*）、根结线虫病（*Meloidogyne* sp.）、紫纹羽病（*Helicobasidium purpureum*）、林木白纹羽病（*Rosellinia necatrix*）、林木根朽病（*Armillaria mellea*）、发光蜜环菌（*Armillaria tabescens*）、林木白绢病（*Sclerotium rolfsii*）。

2. 实验器具

显微镜、手持放大镜、解剖针、镊子、盖玻片、载玻片、刀片等。

【实验步骤】

1. 幼苗猝倒病症状识别与病原观察

病害发生时期不同，症状分为以下 4 种类型：

①种芽腐烂型：种子和幼芽在播种后至出土前被病原侵染，种、芽组织被破坏而出现缺苗断垄现象。

②茎叶腐烂型：在出土期，病原侵染幼苗茎叶而使之腐烂。

③幼苗猝倒型：幼苗出土后，嫩茎尚未木质化，病原自根颈处侵入，产生褐色斑点，迅速扩大呈水渍状腐烂，随后幼苗倒伏。猝倒型症状多发生在幼苗出土后的 1 个月内。

④苗木立枯型：苗木茎部木质化后，病原侵入根部，引起根部皮层变色腐烂，苗木枯

死但不倒伏，称为立枯。

病原特征：引起幼苗猝倒病的常见病菌有立枯丝核菌、瓜果腐霉、终极腐霉、腐皮镰孢菌以及尖镰孢菌 5 类：

立枯丝核菌(*Rhizoctonia solani*)：属无性型菌物，无孢目丝核菌属。有隔菌丝，粗 8~14 μm，锐角分枝，老菌丝为直角分枝，分枝不远处形成隔膜，分枝处有缢缩。菌丝集结成菌核，大小及形态各异，直径 1~10 mm，表面粗糙，褐色至黑褐色(图 1-93)。

瓜果腐霉(*Pythium aphanidermatum*)：属卵菌门腐霉目腐霉属。孢子囊条状或肥大而有瓣状分枝，直径 4~20 μm，形成十数个至数十个游动孢子。游动孢子肾形，侧面有鞭毛 2 根，大小 12~17 μm×5~6 μm。藏卵器球形，直径 13~34 μm×12~24 μm。雄器有柄，每个藏卵器一般只与一个雄器交配。卵孢子球形，表面光滑，直径 12~24 μm(图 1-94)。

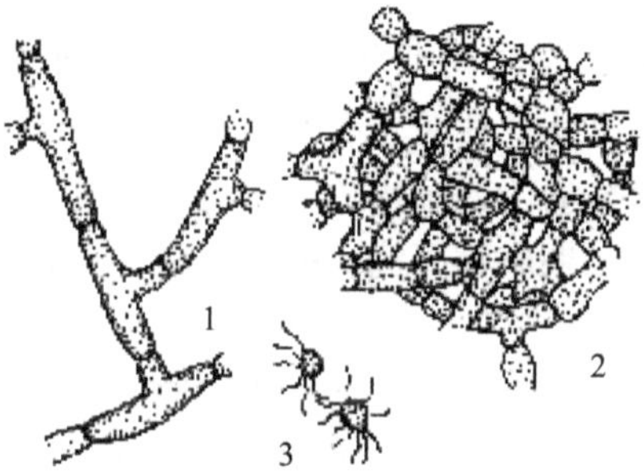

1. 菌丝分枝；2. 菌丝体；3. 菌核。

图 1-93 丝核菌

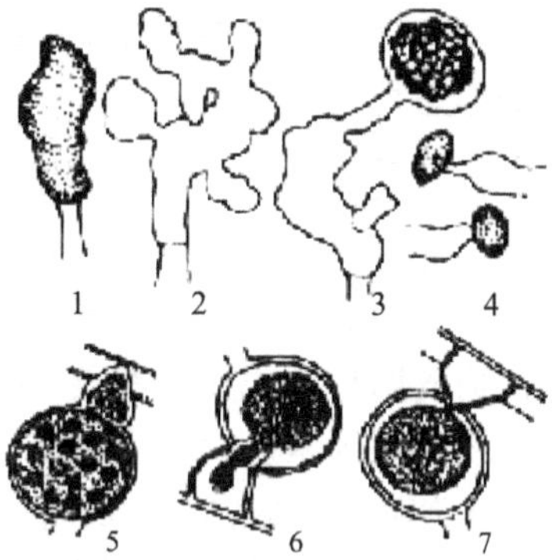

1、2. 孢子囊；3. 孢子囊萌发形成的泡囊；4. 游动孢子；5. 藏卵器和雄器；6. 交配；7. 卵孢子。

图 1-94 瓜果腐霉

终极腐霉(*Pythium ultimum*)：属卵菌门腐霉目腐霉属。菌丝膨大体近球形，多间生，少数切生或顶生。孢子囊圆形，直径 12~18 μm，或间生呈坛形。藏卵器球形，直径 19.2~22.9 μm。卵孢子不充满藏卵器腔，球形，壁较厚，约 1.5 μm，每个藏卵器与一个雄器交配。

腐皮镰孢菌(*Fusarium solani*)：属无性型菌物，瘤座孢科镰孢菌属。大型分生孢子生于舒展的分生孢子座上，不等边的纺锤形，稍弯曲，两端稍圆，3~5 个隔膜，3 个隔膜的大小 19~50 μm×3.5~7.0 μm，5 个隔膜的大小 32~68 μm×4~7 μm。小型分生孢子着生于细小的瓶状小梗上，宽卵形，有的有一个隔膜，大小 8~16 μm×2~4 μm。厚垣孢子间生或顶生。

尖镰孢菌(*Fusarium oxysporum*)：属无性型菌物，瘤座孢科镰孢菌属。大型分生孢子镰刀形，两端尖，基部有小柄，3~5 个隔膜，多为 3 个隔膜，大小 19~45 μm×2.5~5.0 μm，间有 5 个隔膜的，大小 30~60 μm×3.5~5.0 μm。小型分生孢子卵形至肾形，平直或弯曲，不与大型分生孢子混生，5~16 μm×2.5~3.5 μm。厚垣孢子间生或顶生，多单生，少对生。

取 4 种症状类型的幼苗猝倒病标本，观察病害症状发生部位及特征；观察立枯丝核菌菌落特征，注意观察菌丝颜色、隔膜、老菌丝分枝为直角、分枝处有缢缩；观察瓜果腐霉菌落特征、游动孢子肾形，侧面有 2 根鞭毛；观察终极腐霉菌落特征，菌丝膨大体近球形，多间生，少数切生或顶生；观察腐皮镰孢菌和尖镰孢菌，菌落特征和两种类型的分生孢子特征及着生方式。

2. 银杏茎腐病症状识别与病原观察

银杏茎腐病主要危害银杏幼苗，发病基部皮层出现皱缩，皮内组织腐烂呈海绵状或粉末状，色灰白，并夹有许多细小黑色的菌核。木质部变褐，中空的髓部有时可见黑色小菌核。

病原特征：由菜豆壳球孢菌(*Macrophomina phaseolina*)引起，属无性型菌物，球壳孢目亚大茎点霉菌属。分生孢子器埋生于病部表皮下，近球形，有孔口，直径 89~275 μm。分生孢子梗细长，不分枝，无色；分生孢子长椭圆形，单胞，无色，长 10~30 μm，宽 5~10 μm。

取银杏茎腐病标本，观察病部皮层组织及木质部特征，观察分生孢子器、分生孢子梗及分生孢子的形态特征。

3. 文冠果根茎腐病症状识别与病原观察

该病一般发生于地下 2~3 cm 处的根颈部位，发病初期病部先呈暗褐色水渍状腐烂，发病后树势变弱，后病斑绕茎基扩展一周，地上部叶片变黄、萎蔫，最终整株枯死。典型症状为根颈部树皮腐烂、脱皮、断裂，维管组织呈褐色或棕褐色。

病原特征：环境因素及病原生物都可引起文冠果根茎腐病，病原通常为镰孢菌(*Fusarium* sp.)和轮枝孢菌(*Verticillium* sp.)。

取文冠果根茎腐病标本，观察根颈部树皮及维管组织特征，观察地上部分的症状表现，以及不同病原菌落特征、分生孢子梗、分生孢子的着生方式和形态特征。

4. 根癌病症状识别与病原观察

根癌病主要发生在根颈部和嫁接口处，主根、侧根、支根以及枝干也发病。在其上形成癌瘤，呈球形或扁球形，大小不等，小如豆粒，大的直径可达几十厘米。癌瘤初时乳白色或略带红色，表面光滑，质地软，后渐变为褐色至深褐色，木质化坚硬，表面粗糙。

病原特征：病原为根癌土壤杆菌(*Agrobacterium tumefaciens*)。菌体短杆状，单生或链生，长为 1~3 μm，宽 0.4~0.8 μm，周生鞭毛 1~4 根，有荚膜，无芽孢。革兰氏染色阴性。好气性。在固体培养基上菌落白色，圆形，光亮，透明(图 1-95)。

取根癌病标本，观察根部或枝干癌瘤组织发生位置、表面特征、大小及数量；观察病原细菌菌落特征及菌体特征。

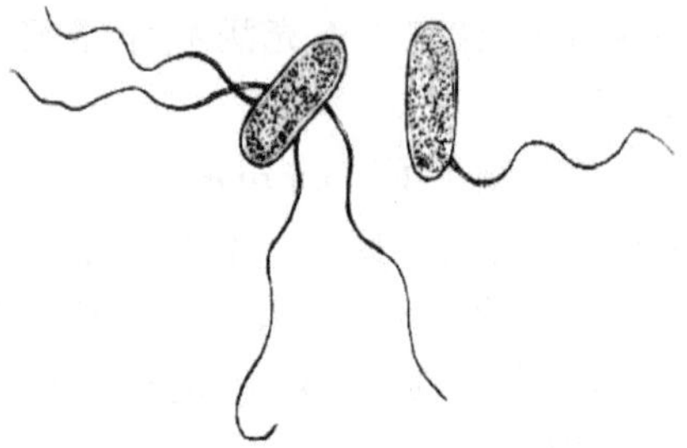

图 1-95 根癌土壤杆菌

5. 根结线虫病症状识别与病原观察

受害林木主根和侧根上形成大小不等、表面粗糙的圆形瘤状物。初为淡黄色，表皮光滑，以后变为褐色，表皮粗糙。病瘤单生或串生。切开病瘤，可见白色梨形的线虫雌成虫。病株地上部分生长衰弱，节间变短，枝叶瘦小，黄化，严重时枯萎死亡。

病原特征：根结线虫病由根结线虫属(*Meloidogyne* spp.)线虫引起，属线虫门侧尾腺口纲垫刃目。常见种有北方根结线虫(*M. hapla*)、花生根结线虫(*M. arenaria*)、南方根结线虫(*M. incognica*)和爪哇根结线虫(*M. javanica*)4 种。卵为长椭圆形，无色半透明状，很小，存在于根瘤内或土壤中。幼虫为无色透明的线形体。幼虫期雌雄不易区分。幼虫经过 3~4 次蜕皮后即可变为成虫。成虫期，雌雄异形。雌成虫梨形，乳白色或无色透明，有光泽。雌成虫大小 0.8~1.0 mm×0.5~0.7 mm，由突出而尖锐的头颈部和膨大近球形的腹部 2 部分构成。雄成虫和幼虫相似，也是无色透明的线形体，两端尖细，大小(体长)1.2 ~ 1.9 mm。头部的口针和食道球明显。

取根结线虫病标本，观察根结的发生位置、表面特征、大小及数量；注意观察线虫形态特征和雌雄差异。

6. 紫纹羽病症状识别与病原观察

根部受害后，病根表面缠绕紫红色网状物，为病原菌根状菌索，有时也可见紫红色绒毛状的菌丝膜。在菌丝体上还可见细小紫红色菌核。病根皮层腐烂，易剥落。病株地上部分表现为顶梢不抽芽，叶小，叶黄，皱缩卷曲，枝干干枯，最后全株死亡。

病原特征：病原为紫卷担子菌(*Helicobasidium purpureum*)，属担子菌门木耳目卷担子菌属。子实体膜质，紫色或紫红色。子实层向上，光滑。担子卷曲，担孢子单胞，肾形，无色，大小 10~12 μm ×6~7 μm(图 1-96)。

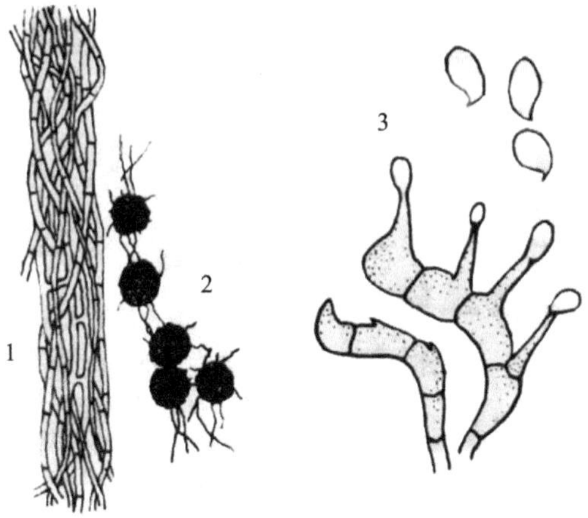

1. 菌丝束；2. 菌核；3. 担子及担孢子。

图 1-96 紫纹羽病病原菌的形态

取紫纹羽病标本，观察根部主根、侧根腐烂特征；观察发病部位的紫红色菌索或菌丝膜、担子的卷曲情况，以及担孢子的形态、颜色和大小。

7. 白纹羽病症状识别与病原观察

发病初期根部须根腐烂，并逐渐扩展到侧根和主根。被害部的表层有白色或灰白色网状物，在近土表根际处有白色蛛网状的膜，有时有小黑点，植株地上部分叶片变黄、凋萎直至全株枯死。

病原特征：病原为褐座坚壳菌(*Rosellinia nectrix*)，属子囊菌门球壳目座坚壳属。菌落圆形，边缘羽毛状，菌丝白色稀疏，边缘较中间部分浓密，基部无色素沉着；菌落背面白色，气生菌丝棉絮状长满培养皿的菌落继续培养，表面常形成灰白色根状菌索或黑色近球形菌核。菌丝具有隔膜和分枝，分枝较细。分生孢子梗下部集成束状，淡褐色，上部分枝，无色；分生孢子顶生，卵圆形，单胞，无色，有黏质，大小2~3 μm(图1-97)。

取白纹羽病标本，观察根部表面的白色菌膜、病菌分生孢子梗着生方式，以及分生孢子的形态、大小和颜色特征。

8. 林木根朽病症状识别与病原观察

病树枝叶变黄，枯萎，干基处树皮腐烂开裂，后期此处树皮剥落。针叶树干基处常有大量树脂凝结成块。干基及根部皮层与木质部之间有白色扇形膜及深褐色绳索状物(菌索)。病树根部的边材和心材呈海绵状腐朽，边缘有黑色线纹。秋天，在病树干基部或附近地面，有时甚至在树干下部，出现丛生，蜜黄色的蘑菇，伞状，肉质，可食，此为病原菌的子实体(图1-98)。

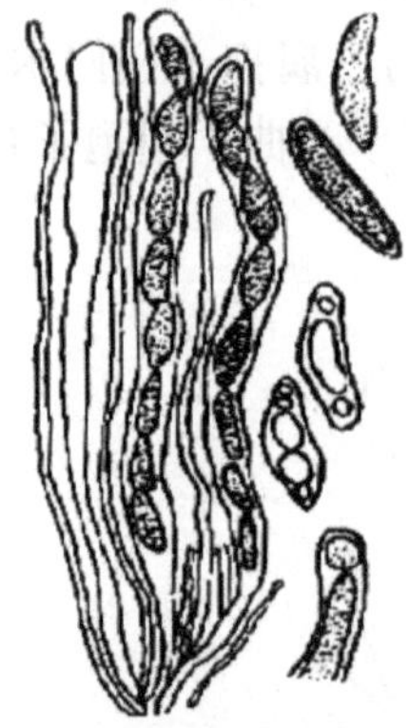

图1-97 褐座坚壳菌的子囊和子囊孢子
(贺伟等，2017)

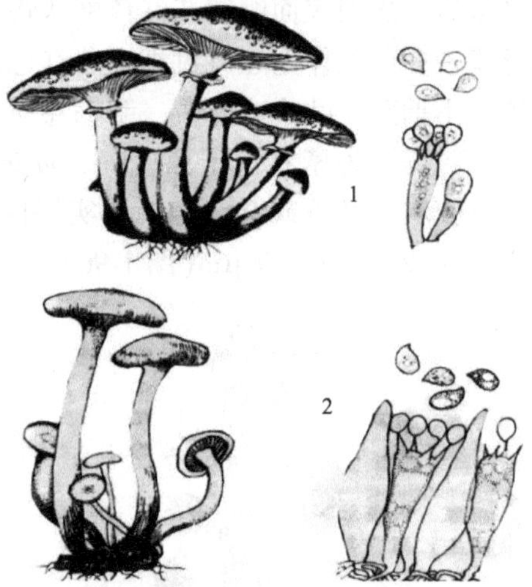

1. 蜜环菌的子实体、担子及担孢子；
2. 发光蜜环菌的子实体、担子及担孢子。

图1-98 林木根朽病病原菌的形态

病原特征：病原以担子菌的蜜环菌(*Armillaria mellea*)为主，其次为发光蜜环菌(*Armillaria tabestens*)。

取林木根朽病标本，观察根部腐朽特征和表面的白色菌膜，菌丝体表现为白色致密菌丝，培养后期菌落内部有菌索形成；观察病菌分生孢子梗着生方式、分生孢子形态、大小和颜色特征。

9. 林木白绢病症状识别与病原观察

病菌主要危害根及根颈部分。根颈部皮层变褐坏死，潮湿时，在表面生白色绢丝状物，呈辐射状向周围土壤扩展，丝状物可蔓延至根部附近的土壤表面或树干基部，上面产生莱籽状茶褐色菌核，此后根部腐烂，皮层上也有小菌核，最终全株枯死。

病原特征：无性型为齐整小核菌(*Sclerotium rolfsii*)，属半知菌门无孢目小核菌属；有性型为罗氏阿太菌(*Athelia rolfsii*)，属担子菌门非褶菌目阿太菌属。菌落初期为白色，圆形或近圆形；菌丝无色透明，有隔膜，呈放射状生长，具有分枝，分枝基部缢缩。菌核呈球形、近球形或不规则形，直径 0.2~0.6 mm，开始为小白点，后逐渐变大，颜色也渐变为褐色，表面光滑具有光泽，子实体白色，密织成层。担子无色，棍棒形，单胞，大小 5~15 μm，顶端着生 4 个长 5~6 μm 的稍弯曲小梗。担孢子顶生，球形至椭圆形，单胞，无色光滑，大小 5~10 μm×3~6 μm。

取林木白绢病标本，观察危害部位的症状特征，菌核特征、病菌落特征，以及子实体的形状、大小和颜色。

【作业与思考】

1. 比较根癌病和根结线虫病的症状及病原特征。
2. 比较白绢病、白纹羽病和紫纹羽病的症状及病原特征。
3. 绘制不同根部病害病原菌子实体形态特征图，并标注部位名称。

下篇

林木病理学实习

实习 1　林木病害发生程度调查

林木病害调查是指实地了解林木病害种类、分布、发生程度及发生规律，并采集样本或收集相关资料，此项工作是开展林木病害预测预报、损失估计和有效防治不可缺少的基础性工作。只有通过调查研究，才能制定防治策略，提出切合实际、行之有效的防治方法。防治前了解病情指数才能做到心中有数，防治后调查可以检查防治效果及发现存在的问题。检疫性病害的发生情况及病害流行预报，也要通过调查研究才能获得确切的资料，划定疫区范围，做好防治规划。对于新发生的病害只有通过调查才能掌握病害的性质以及发生条件。各种病害所造成的损失，必须通过适当的调查统计，才能计算出损失情况。

【目的与要求】

通过对样地林木病害的调查，了解林木病害种类、分布和发生情况，掌握林木病害的发生规律，学习林木病害调查和统计的基本方法，学会计算发病率和病情指数，为学习病害的预测预报和防治奠定基础。

【实习准备】

1. 调查样地选取

选取林间发病待调查地块，如海棠锈病、杨树黑斑病、杨树溃疡病等发病地点。

2. 实习器具

放大镜、尺子、病害调查记录表等。

【实习步骤】

1. 林木病害调查类型

林木病害调查一般分为普查、重点调查和系统调查，要根据不同调查目的选择合适的调查方法。

(1) 普查

当一个地区有关林木病害发生情况的资料很少时，可先进行普查，目的是了解林木病害的分布特点、分布类型和发病程度。调查的面积要广，调查对象要具有代表性。

(2) 重点调查

普查发现的重要病害可作为重点调查的对象，对其分布、发病率、损失率、生态环境和防治效果等进行深入调查。重点调查的次数要多一些，发病率的计算要求比较准确。

(3) 系统调查

对于重点关注的病害，系统地研究其消长变化及气象等因素对病害的影响，为预测预报和防治提供科学依据。这种调查不可中断，要做到定期、定点。

2. 林木病害调查的内容和记录方法

调查的内容根据调查目的而定，一般包括林木病害的种类、分布、栽培管理措施与病害发生的关系等。应将调查的原始数据详细地记录于调查记录中(表 2-1)。

表 2-1　林木病害调查记录表

<table>
<tr><td colspan="3">寄主名称：
调查日期：
调查人：
种苗来源：
管理措施：</td><td colspan="2">病害名称：
调查地点：
土壤性质：
气候条件：
当地群众对病害的认知：</td></tr>
<tr><td rowspan="7">病害分级标准</td><td>分级</td><td>病情严重程度描述</td><td>代表值</td><td>调查植株(叶片)数</td></tr>
<tr><td>Ⅰ</td><td></td><td>0</td><td></td></tr>
<tr><td>Ⅱ</td><td></td><td>1</td><td></td></tr>
<tr><td>Ⅲ</td><td></td><td>2</td><td></td></tr>
<tr><td>Ⅳ</td><td></td><td>3</td><td></td></tr>
<tr><td>Ⅴ</td><td></td><td>4</td><td></td></tr>
<tr><td>Ⅵ</td><td></td><td>5</td><td></td></tr>
<tr><td colspan="5">调查植株(叶片)总数：</td></tr>
<tr><td rowspan="2">调查结果</td><td colspan="4">发病率：</td></tr>
<tr><td colspan="4">病情指数：</td></tr>
<tr><td colspan="5">备注：</td></tr>
</table>

3. 林木病害田间调查的时间和频率

在实际工作中，往往根据调查目的及林木病害的发生特点确定调查的时间与次数，如苹果锈病每年都发生，但是每年发生的程度不同，为了解苹果锈病的发生与流行规律，可在苹果展叶期至落叶期(一般为每年的 3~10 月)每隔 15 d 进行一次调查，可连续调查 3~4 年，详细记录各项调查数据并进行分析，明确该病害的流行规律。

4. 林木病害调查的取样方法

取样方法应根据病害种类和环境条件而定：气流传播而分布均匀的病害，如杨树锈病、苹果落叶病等，取样点可以少些；土传病害，如黄栌枯萎病、桉树青枯病等，取样点要多些；凡地形、土壤耕作不一致的地区，应分别取样。为了使调查样点具有代表性，要根据病害种类、病害分布选用合适的方法。常用的取样方法如图 2-1 所示。

(1) 五点式取样法

设 5 个取样点，各点做到随机取样，适用于均匀分布病害的调查，较为常用。

(2) 棋盘式取样法

此方法准确性较高，但费时，适用于土传病害、聚集分布型或负二项分布型病害的

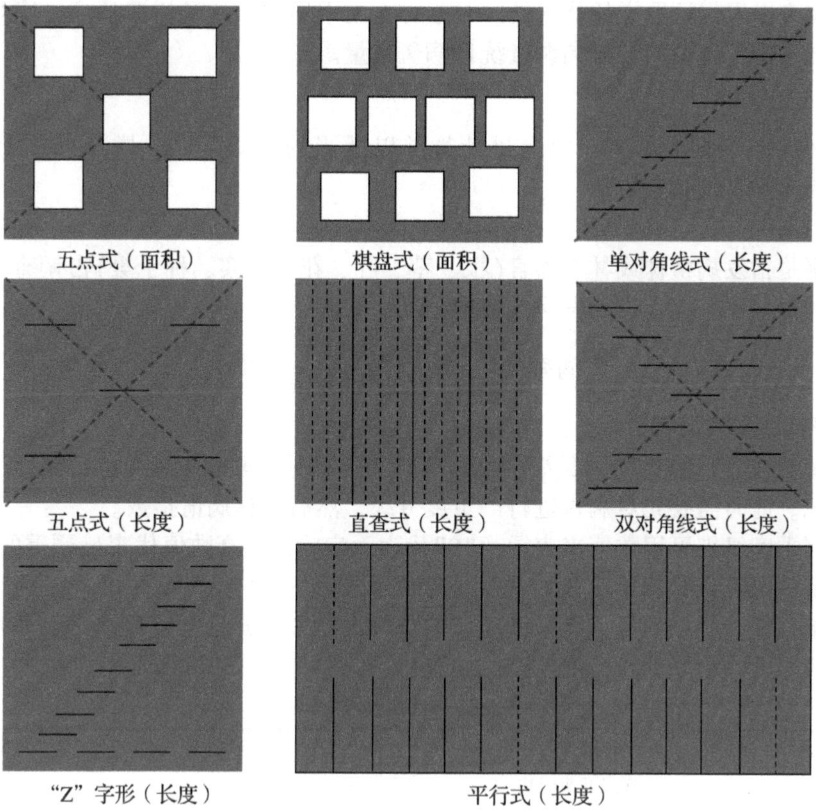

图 2-1 林木病害调查取样方法示意

调查。

(3) 对角线式取样法

分单对角线式和双对角线式两种取样方法，适用于面积较大的近方形地块的病害调查，适用于气流和种子传播的病害调查。

(4) "Z"字形取样法

适用于狭长地形或标准地边缘带病害分布较多地块的病害调查。

(5) 平行式取样法

间隔一定行数进行取样调查，此法适用于苗圃、果园林木病害调查。

取样单位应随林木种类和病害特点而相应变化，一般以面积或长度为单位，也可以植株或器官为调查单位(果树等稀植作物)。取样数量取决于病害的发生特点，发病均匀的，取样量可少些，不均匀的要多些，在每一调查点上取 100~200 株或 20~30 个器官(如叶片)。取样量越大，越具代表性，精确度越高，但也较费时费工。对于林木病害来讲，实际取样面积(或株数)不得小于被调查林木总面积(或总株数)的 5%。

调查标准地设置和取样方法要根据被调查林木的分布、栽植方式和立地条件而定，一定要有代表性。一般来说，树冠不同高度、方位的叶片发病程度有所不同，往往呈现顶部新叶发病较轻，下部叶片发病较重；迎风面发病重，背风面发病轻。因此，调查林木叶部病害病情时，对于选取的每株调查树(或标准木)，应在树冠中部高度的各个方向随机抽取叶片进行调查，以保证取样的代表性。对于林木主干病害，如杨树溃疡病、腐烂病等，往往要在标准木胸径高度的各方向调查统计病斑数量。

5. 病情计算

对田间病害调查的结果，要经过计算并以适当的方式表示。常用的指标为发病率(%)、严重度和病情指数。

(1)发病率

发病率是指发病植株或林木器官(根、茎、叶、花、果实、种子等)占调查植株总数或器官总数的百分比，用于表示发病的普遍程度。

$$发病率(\%)=\frac{发病样本数}{调查样本总数}\times 100\% \tag{2-1}$$

(2)严重度和病情指数

发病植株或器官的严重程度差异可能相当大，只用发病率往往无法反映植物病害的真实发生情况。此时需要先对病害进行严重度分级，然后计算病情指数。

不同严重度级别可用数值来表示，“0”代表无症状，最高数值代表最严重的发病程度，然后以一定的间隔分为若干级别。级别不需要太多，一般3~5级即可。级别间差异要明显，以便于判断。生产中可直接采用相应的分级标准来划分，也可根据实地调查情况自行制定植物病害发病程度分级标准(表2-2至表2-4)。

表2-2 丛枝病分级标准

级别	分级标准	代表数值	备注
Ⅰ	无病或几乎无病	0	
Ⅱ	1/3以下侧枝有病	1	
Ⅲ	1/3~2/3侧枝有病	2	
Ⅳ	2/3以上侧枝有病	3	

表2-3 叶部病害病分级标准

级别	分级标准	代表数值	备注
Ⅰ	无病或几乎无病	0	
Ⅱ	0~25%叶有病	1	
Ⅲ	25%~50%叶有病	2	
Ⅳ	50%~75%叶有病	3	
Ⅴ	大于75%叶有病	4	

表2-4 干部病害分级标准

级别	分级标准	代表数值	备注
Ⅰ	无病或几乎无病	0	
Ⅱ	病斑直径占周长1/3以下	1	
Ⅲ	病斑直径占周长1/3~2/3	2	
Ⅳ	病斑直径占周长2/3以上	3	

病情指数是反映单位面积上一种植物病害发生的普遍程度和严重程度的综合指标，更为常用，其计算公式如下：

$$病情指数(\%)=\frac{\sum(各级病株或病叶数\times各级代表值)}{调查病株或病叶总数\times最高级代表值}\times100\% \tag{2-2}$$

①林木枝干病害病情指数计算(以杨树溃疡病为例)：在中、高感病杨树苗圃地，以平行式取样法选取 5~10 年生标准木 50 株左右。测量各杨树的胸径，并用记号笔标记出距离胸径位置为 20 cm 的树干高度范围，统计该范围内树皮上的溃疡病斑数。

先按照式(2-3)计算各标准木的单位胸径病斑数，再按照该病害发生程度分级标准(表 2-5)计算病情指数。

$$单位胸径病斑数(N)=\frac{20\ \text{cm}\ 高度范围内病斑总数}{标本木胸径值} \tag{2-3}$$

表 2-5 杨树溃疡病分级标准

严重度分级	发病程度	代表数值	严重度分级	发病程度	代表数值
Ⅰ	无病斑，$N=0$	0	Ⅳ	$5<N\leqslant10$	3
Ⅱ	$0<N\leqslant1$	1	Ⅴ	$10<N\leqslant15$	4
Ⅲ	$1<N\leqslant5$	2	Ⅵ	$N>15$	5

②林木叶部病害病情指数计算(以苹果褐斑病为例)：在苗圃地采取平行式取样法随机(在植株的东南西北和上中下多方位)摘取苹果叶片，每个取样点不少于 500 枚，根据实际调查情况计算发病率，制定苹果褐斑病分级标准(表 2-6)，计算病情指数。苹果褐斑病的发病程度用叶片病斑面积占叶片面积的比例(S)来表示。

表 2-6 苹果褐斑病分级标准

严重度分级	发病程度	代表数值	严重度分级	发病程度	代表数值
Ⅰ	无病斑，$S=0$	0	Ⅳ	$1/3<S\leqslant1/2$	3
Ⅱ	$0<S\leqslant1/5$	1	Ⅴ	$1/2<S\leqslant2/3$	4
Ⅲ	$1/5<S\leqslant1/3$	2	Ⅵ	$2/3<S\leqslant1$	5

【作业与思考】

1. 根据调查的主要内容(病害种类、严重程度、分布情况)，分析主要病害发生程度与哪些因素有关，理解林木病理学与森林培育、森林生态学、土壤学、气象学等学科的关系。

2. 谈谈进行植物病害调查的意义。

3. 在进行林木病害调查时，发病率和病情指数分别适用于哪些病害？

实习 2　林木病害标本采集、制作和保存

林木病害标本是指从受感染的林木上采集的发病部位或病原物样本，经过处理和分类后制成的标本。通过病害标本的采集和制作，可以直观地了解各种病害在林木上的表现和危害，掌握病害的症状、发生发展规律、病原的形态学特征、传播途径和防控方法等知识。在林木病害防治中，林木病害的诊断和鉴定是非常关键的环节，林木病害标本可以帮助技术人员快速准确地诊断和鉴定病害。

【目的与要求】

学习采集、制作和保存林木病害标本的原理和方法。

【实习准备】

标本夹、采集箱、剪刀、手锯、玻璃瓶或试管、采集袋、记录本、标签等。

【实习步骤】

1. 标本采集

林木病害的发病时期与林木的生育期、气候变化和生产条件均有密切关系，所以采集标本时应清楚了解病害的发病条件，明确病害的寄主林木及大致生育期、在具体气候条件的始发期和盛发期等情况。采集标本时应注意以下几点：

(1) 病状典型

病状是病害诊断的重要依据。一种病害在同一林木上可同时表现不同类型的病状，在林木生长发育的不同时期也可表现不同类型的病状。采集病害标本，不仅需要采集某一发病部位的典型病状，还需要采集不同时期、不同部位的病状标本，如核桃细菌性黑斑病，应采集叶部、枝干和果实部位的典型病状类型。

(2) 病征完整

为进一步鉴定病害，应注重标本的病征，如细菌性病害往往有菌脓溢出，真菌性病害在感病部位存在各种霉状物、粒状物等。病原真菌包括有性和无性两个阶段，应在不同时期分别采集；有的真菌往往在枯死株上才产生病征，故应注意采集枯枝落叶；有的真菌要在病原有性阶段产生子实体的时期采集，如白粉病；有转主寄主的锈病应尽量采集到第二寄主的标本。

(3) 避免混杂

每种标本上的病害应力求单一，即每一种标本只发生一种病害，没有多种病害混发，

以便于正确鉴定和使用。将容易混杂污染的标本分别用纸包好，如在采集白粉病类标本及腐烂的果实等时必须注意分装，以免污染其他标本，影响鉴定。

(4)记录全面

没有记录或记录不全的标本将失去使用价值。对寄主林木不熟悉的病害仅凭标本识别非常困难，要采集寄主的叶、花、果实等，以便进一步鉴定。记录内容包括：寄主名称、采集日期、采集地点、采集人姓名、标本编号、分布情况、地理条件、损失率等。

除在记录本上记录外，还应在标本上挂签标记，注明标本编号、采集时间、采集地点、采集人姓名等。不同的标本、不同产地的同一标本应分别编号，每份标本的记录与标签上的编号必须相同。宜长期保存纸质记录和电子文档，以便查对。

(5)临时处理和分别处理

对于容易干燥和卷缩的叶部病害标本，最好随采随压，采后立即夹在放有吸水纸的标本夹内，或用塑料袋装好并封口，或用湿布包好，采回后马上整形压制，也可在田间用标本纸或吸水性较强的纸张将病叶临时夹压。组织含水较多的果实标本，应用蜡纸或塑料纸包好，防止挤压。对病菌孢子容易飞散脱落的标本，应用塑料纸或光滑清洁的纸包好，放入采集箱内。体形小，易碎的标本可放入广口瓶中。

2. 标本制作

标本的制作是为了尽量保持标本的原有特性及便于日后应用，无论用干燥制作法保存标本，还是用浸渍制作法保存标本，都是为了尽量减缓标本变质的速度或避免腐烂霉变，尽量使标本保持其原色，以延长标本的使用时间。

(1)腊叶标本制作

将田间采集的新鲜病叶用标本夹压平后，经过几次换翻，待叶片干燥，即成腊叶标本。腊叶标本制作简单、经济，能保持林木病害症状原形，便于交换、鉴定和展览。制作时要求在短时间内把叶片压平干燥，使其尽量保持原有的形态和颜色。制作时要注意以下两点：

①随采随压：采集叶片后，要即刻放入标本夹中压制，以保持叶片的原形，减少压制过程中的整形工作。有些标本在压制时需进行少量的加工，如标本的叶子过多、茎秆或枝条粗大，压制时应把叶子剪掉一部分或将枝条剪去一侧再压制。有些叶部病害标本，可根据病斑的大小，剪取有病斑的一部分压平，防止过多的叶片重叠或标本受压不均而变色、变形。整株的标本(如草坪病害)，可折成“N”字形压制。

②勤换勤翻：林木本身含水量大，为使水分被标本纸吸收，使标本尽量保持原色，要勤换勤翻。标本放到标本夹内后，用标本绳将标本夹扎紧或用重物压实，放在通风处，使标本尽快干燥，以便保持原有色泽。若遇高温潮湿天气，标本在纸内容易发霉变黑。在压制标本过程中，前4天通常每天早晚各换1次纸，以后每天换1次纸，直至完全干燥。在前2次换纸时要对标本进行整形，因为经过初步干燥，标本容易展平。幼嫩多汁的标本(如花及幼苗等)，可夹在脱脂棉中压制；含水率太高的标本，可置于30~45℃的烘箱内烘干。

(2)浸渍标本制作

柔软多汁的块茎、块根、果实及肉质的菌类子实体，清洗干净后浸泡在普通防腐性浸渍液中，或根据标本的颜色处理后先制作成保绿色、保黄色或保红色标本，再浸泡在普通防腐性浸渍液中保存。浸渍液配方有多种，可根据浸制标本的色泽和浸制目的适当选择。

①普通防腐浸渍液：75%乙醇溶液。只能防腐，不能保持原色，适宜保存肉质鳞茎、块根、果实等无需保持原色的标本。浸渍时将标本洗净，淹浸在浸渍液中，用线将标本固定在玻片或玻棒上防止标本上浮。若浸泡标本量大，浸泡数日后应更换一次浸渍液。加盖密封保存，标本瓶上贴上标签。

②保绿浸渍液：保存林木组织绿色的方法很多，可根据材料选用以下保绿浸渍液。

醋酸铜溶液：将50%醋酸放入烧杯中加热，逐渐加入结晶的醋酸铜，直至不再溶解为止(50%醋酸溶液1 000 mL、醋酸铜15 g左右)。将饱和溶液稀释3~4倍，加热至沸腾，再将洗净的标本投入，当标本褪绿，又经3~4 min，铜离子与叶绿素中的镁离子置换，恢复绿色后，取出标本，清水洗净，压成干制标本。醋酸铜溶液保绿色能力较好，适用于能煮沸加热的茎、叶等标本，但保存的标本有时带蓝色，与林木原来的颜色稍有差异。

硫酸铜—亚硫酸浸渍液：二氧化硫含量为5%~6%的亚硫酸溶液15 mL溶于1 000 mL水，或浓硫酸20 mL、亚硫酸钠16 g溶于1 000 mL水。将标本洗净，在5%的硫酸铜溶液中浸泡6~24 h，取出后用清水漂洗数小时，然后将标本保存在亚硫酸溶液中。硫酸铜—亚硫酸浸渍液适用于可浸渍但不能煮沸的果实或块茎、块根类等标本。

③保黄和保红浸渍液：含叶黄素和胡萝卜素的果实如梨、苹果、柿、柑橘等，可用4%~10%的亚硫酸水溶液浸渍，也可用瓦查保红液(硝酸亚钴15 g、氯化锡10 g、5%福尔马林25 mL、水2 000 mL)浸渍保存。

【作业与思考】

1. 如何采集高质量的标本？
2. 标本采集和保存时应注意哪些问题？
3. 以小组为单位，总结在标本采集和制作过程中遇到的问题及解决方案。
4. 谈谈植物病害标本采集和保存的重要性。

实习3 林木病害田间诊断与病原鉴定

林木病害田间诊断是将林木病理学基础知识和基本理论应用到生产实践中，对林木病害进行防治的前提。面对一种发病林木，首先要判断其是侵染性病害还是非侵染性病害，若是侵染性病害，则需要进行症状的全面观察、显微切片的制作与镜检、病原物的分离培养等一系列的操作，方可鉴定出具体的病原物。

【目的与要求】

1. 了解不同类型林木病害的发生特点，掌握林木病害诊断和鉴定的基本方法。

2. 掌握林木病害诊断的具体步骤和制片方法，并能根据所学知识提出林木病害的合理防治方案。

【实习准备】

1. 实习材料

采集的松落针病、杨树烂皮病、海棠锈病、桉树青枯病、苹果花叶病毒病、葡萄霜霉病、月季黑斑病等植物病害标本，乙醇、蒸馏水等。

2. 实习器具

普通光学显微镜、手持放大镜、载玻片、盖玻片、刀片、通草、镊子、吸水纸、擦镜纸、解剖针、铅笔、绘图纸、鉴定记录本、鉴定标签等。

【实习步骤】

1. 林木病害田间诊断

林木病害通常可以根据其症状特点进行初步诊断。首先，根据林木病害的田间发病特征，初步判断其是侵染性病害还是非侵染性病害。其次，仔细观察采集的林木病害标本的症状特点，并将其详细记录在鉴定记录本上。对病害症状特点明显的侵染性病害，根据各类病原物引起林木病害症状的特点，进一步确定其病原物的具体种(真菌、细菌、病毒或线虫等)。观察症状时，应注意以下事项：

①应先注意病害对全株的影响，然后检查病部。

②观察斑点病害时，要注意斑点的形状、数目、大小、色泽、排列和有无轮纹等。观察腐烂病害时，要注意腐烂组织的色泽、气味、结构(如软腐、干腐、湿腐)以及有无虫伤等。

③务必注意发病林木部位是否有病征，其对病原物的鉴定非常重要。一些真菌引起的

林木病害通常会在病部出现粉、锈、霉、点、蕈菌等病征。一些细菌性林木病害会出现菌脓；病毒和植原体病害无病征。

④鉴定过程中可能会遇到很多非侵染性病害，它们的症状有时与病毒病、线虫病或某些真菌病害很相似，甚至在病部还能发现腐生性真菌。

⑤非侵染性病害在田间是普遍发生的，往往没有明显的发病中心，其发生情况与地形、土壤、品种和气候等条件有关。该类病害没有完整的田间记录是很难鉴定的就地观察、调查和分析，不能单纯依靠室内检查。

2. 林木病原物的鉴定

(1)真菌的鉴定

真菌是常见的林木病原物类群之一，引起绝大多数林木病害。真菌引起的林木病害除了有各种病状外，大多还会产生病征，如粉、锈、霉、点、蕈菌等。根据病征及病原物的分类特征，可进一步区分真菌的类群。基于症状观察结果，对林木病害标本进行显微镜观察是非常重要的。真菌病害标本或培养物，应根据材料的不同而选用不同的镜检方法。

①菌丝体和子实体挑取检视：一般可直接挑取少许标本或培养基上的菌丝体或子实体，制成临时装片进行镜检。

②叶面真菌粘贴检视：可用透明胶、醋酸纤维素、火棉胶或其他胶黏剂直接粘取标本表面的真菌，适用于白粉病、霜霉病、锈病等病原物鉴定。

③徒手切片检视：该方法在教学和科研上用处很大，一般切取林木病害标本病部的小块组织，将其夹在通草或吸水纸中固定，用刀片直接进行切片。此法不需要特殊设备(切片机)，操作方便，是常用的真菌检视方法。通过反复练习，切取的林木组织可以非常薄，在显微镜下既能观察到发病林木细胞的形态，也能观察到病原物的子实体结构，对病原物的鉴定有非常重要的作用。

④组织整体透明检视：组织经透明处理后的整体检查，不但可以看清表面的病菌，还可以观察组织内部的病菌。组织透明处理的方法很多，常用的是水合氯醛，即先将小块发病组织在等量的乙醇和冰醋酸的混合液中固定 24 h，然后浸泡在饱和的水合氯醛溶液中，待组织透明后取出，用水洗净，经苯胺蓝水溶液染色，用甘油浮载检视。

⑤菌物玻片培养检视：对于采用培养基培养的菌物，直接挑取菌落表面物质进行检视往往会破坏其固有结构，故玻片培养是很好的检视方法。通过无菌操作，将薄层培养基琼脂置于载玻片上，接种后盖上盖玻片培养，使菌丝体在盖玻片与载玻片之间的培养基上生长，然后将培养物直接置于显微镜下观察。

(2)细菌的鉴定

细菌性林木病害在受害部位的维管束或薄壁细胞组织中一般都有大量的菌体，其徒手切片在显微镜下常能观察到“喷菌”现象。对林木病原细菌的鉴定，一般先采用分离培养法以获得纯培养物，然后对纯菌株的生理生化指标和致病性进行测定，从而对其进行鉴定。

(3)病毒的鉴定

病毒的鉴定，首先根据其症状特点进行，林木病毒病的病状一般为花叶、变色、坏死、矮缩、矮化和畸形等。通过常规的光学显微镜检视，可以观察到部分病毒在发病组织部位形成的内含体，根据内含体的形态特征可以对病毒的种类进行初步判断。病毒的精准鉴定需要借助电子显微镜和分子生物学技术。

(4) 线虫的鉴定

林木受到线虫危害后，可形成各种症状，如根结、胞囊、叶斑、坏死或萎蔫等。首先，基于所学的理论知识初步判断调查的林木病害是否由线虫引起。其次，可以进行线虫的分离和挑取，在显微镜下进行线虫的形态观察，对一些虫体较大的线虫，可在解剖镜下直接挑取进行观察，或者直接制作徒手切片在显微镜下观察虫体，如根结线虫病、胞囊线虫病等。

3. 显微摄影与绘图

(1) 显微摄影

通过显微成像系统对显微镜下观察到的目标物进行拍照，对病原物的鉴定和资料交流至关重要。步骤如下：

①玻片制作：把需要进行显微摄影的病原物制成临时装片。

②镜检：在显微镜下观察，找到需要拍照的结构。

③设置参数：打开显微成像系统，设置相关参数，务必注意设定的放大倍数要与物镜当前所用倍数一致，还可以设置比例尺的放置位置、方式和颜色等。

④拍照：调节显微镜的细准焦螺旋，使病原物结构在计算机屏幕上尽可能清晰地显示，点击拍照后将照片保存。

(2) 显微绘图

在使用显微镜时，徒手描绘显微镜下观察到的病原物的结构是非常必要的，可以采用显微描绘仪进行精准绘图。在本实习中，要求学生进行徒手绘图。

4. 注意事项

(1) 以寄主林木分类地位为主、结合病原物形态特征进行鉴定

此类病害包括锈病、白粉病和霜霉病等。其中，锈菌因其具有寄生专化性，确定寄主林木的分类地位对锈菌的准确鉴定尤为重要；白粉菌和霜霉菌对寄主林木也有一定的选择性，寄主种类鉴定也是其病原鉴定的前提。

(2) 以病原物形态特征为主、结合寄主林木分类地位进行鉴定

此类病害如叶斑病、溃疡病、枝枯病及萎蔫等。其病原物多为子囊菌及其无性型真菌，为兼性寄生菌或兼性腐生菌，涉及种类多，形态复杂多样。因此，可先依据病征类型，采取合适的显微制片方法，通过真菌形态学观察，可初步确定病原真菌的分类地位，再根据寄主林木种类、查阅相关资料做出准确鉴定。在此类病害鉴定过程中，应注意以下问题，以免误判。

①同原不同阶段：由于此类病害的病原物多为子囊菌，且多以其无性型在生长季节出现。同一种病原真菌的有性和无性阶段可同时表现在同一病害病状中，要全面检查多份病害标本，对病原菌的无性型和有性型做出准确的鉴定。

②同症异原：此种情况较为复杂。除了上述同原不同阶段的情况外，有时在相同的病斑上，也会观察到形态和分类地位完全不同的两种病原菌。此外，子囊菌多为兼性寄生菌，在其所致坏死病斑上，后期往往长出腐生真菌，掩盖了真正的病原菌，因此，对于发

病初期病害标本的诊断至关重要。

③同原异症：此种情况较少，常见的如苹果褐斑病(*Marssonina mali*)在叶片上会出现针芒形、同心轮纹形和混合型3种病斑；柑橘炭疽病(*Colletotrichum gloeosporioides*)在叶片和枝干上病状也有所差异。

④新病害：应遵循科赫法则进行准确鉴定。

【作业与思考】

1. 如何在田间有效区分侵染性林木病害和非侵染性林木病害？
2. 林木病原物鉴定的经典方法和分子生物学方法有哪些？各有何特点？
3. 谈谈林木病原物鉴定的重要性。

实习 4　培养基的制作及灭菌

为微生物的生长发育提供必要的营养和生长物质的基质或材料通称为培养基。培养基的种类很多，这里只列举一些林木病理学实验室中常用的培养基。

PDA 培养基配制

根据培养基的形态不同，可分为液体培养基（培养液）、半固体培养基和固体培养基 3 类。在液体培养基中加入凝固剂——琼脂、明胶和硅酸钠等，即可变成固体培养基。在固体培养基中，琼脂的用量常为 1.5%~2.0%，如进行组织培养或观察细菌运动性等特殊用途可减少至 0.3%~0.8%，以制备成半固体培养基。

根据营养物质的来源不同，可分为天然培养基、半合成培养基和合成培养基 3 类。天然培养基是以自然界原有的有机物为材料，经消毒或灭菌后培养微生物的，如马铃薯、胡萝卜、各种水果、麦粒或麦芽、椰子水或椰蓉、牛乳血清、蔬菜汁等。半合成培养基中既有一些天然的有机物质，又有一些成分简单而明确的化合物，如常用的马铃薯葡萄糖琼脂培养基（potato dextrose agar，PDA）和营养培养基（又称肉汁琼脂培养基，NA）等。合成培养基是由一些成分明确的化合物配制而成的，没有任何成分不明的物质，常用于研究微生物的生理生化性状，如查氏培养基等。

根据培养基的用途不同，又可将其分为基础培养基、富集培养基、贮存培养基、选择性培养基和鉴别培养基等。在分离真菌时，为了抑制细菌的生长，常在每皿 PDA 培养基中加入 25%乳酸 1~2 滴，或加入利福平、链霉素等抗生素。在分离细菌时，为防止真菌污染，常使用制霉菌素或放线菌酮，在分离革兰氏阳性细菌时，常加入氯化锂和 Tris。而加入溴百里酚蓝或结晶紫等物质，可抑制革兰氏阳性细菌的生长。

【目的与要求】

1. 了解林木病原物的常用培养基种类，掌握常用培养基的制备方法。
2. 了解林木病理学实验室的常用灭菌方法，掌握培养基的灭菌操作技能和原理。

【实习准备】

1. 实习材料

马铃薯、葡萄糖、琼脂粉、蔗糖、酵母浸膏、牛肉膏、蛋白胨、燕麦片、玉米粉、硝酸钠、磷酸氢二钾、氯化钾、硫酸镁、硫酸亚铁等。

2. 实习器具

微波炉、电子天平、pH 计、高压灭菌锅、煮锅、量杯、烧杯、量筒、玻璃棒、标签、三角瓶、记号笔、棉塞、称量纸、纱布、橡皮筋等。

【实习步骤】

1. 常用培养基的制备

(1) 马铃薯葡萄糖琼脂培养基(PDA)和马铃薯蔗糖琼脂培养基(PSA)

这 2 种培养基是培养真菌最常用的培养基。

配方：去皮马铃薯 200 g，葡萄糖（PDA）或蔗糖（PSA）20 g，琼脂 15～20 g，水 1 000 mL。

配制方法：将马铃薯洗净去皮，切成 1 cm×3 cm 的小块，称取 200 g，放入锅中，加水 1 000 mL，煮沸 30～60 min，稍冷后用四层纱布过滤，滤液加水补足到 1 000 mL，加入葡萄糖或蔗糖 20 g。

配成的培养基一般呈酸性，用于培养真菌时通常需要校正酸度至适宜范围。如配制固体培养基，在加葡萄糖或蔗糖前先加 15～20 g 琼脂粉加热融化，最后加入葡萄糖或蔗糖，混匀并加水补足至 1 000 mL，趁热分装在试管或三角瓶中，封口后进行高压灭菌；也可先将液体培养基分装在三角瓶中，然后按照每 100 mL 培养基 2 g 琼脂粉的比例向三角瓶中添加琼脂粉，用玻璃棒搅匀，封口后进行高压灭菌。

(2) 营养培养基

营养培养基又称肉汁胨琼脂或肉汤培养基，是培养细菌最常用的培养基。

配方：酵母浸膏 1 g，牛肉膏 3 g，蛋白胨 5 g，蔗糖(或葡萄糖)10 g，琼脂 15～20 g，水 1 000 mL，pH 值 7.0。

配制方法：称取酵母浸膏、牛肉膏及蛋白胨溶于少量热水中备用，在其余水中加入琼脂，加热溶化后将牛肉膏和蛋白胨溶液加入混匀，然后加水补足至 1 000 mL，校正 pH 值至 7.0，趁热分装，封口后进行高压灭菌。注意培养细菌用的培养基必须调节其酸度值到中性(pH 值 7.0 左右)。

(3) 燕麦片琼胶培养基

燕麦琼胶培养基可用来培养真菌和放线菌，可以促使某些真菌形成孢子和子实体，也适用于保存腐霉属(*Pythium*)和疫霉属(*Phytophthora*)等卵菌的菌种。

配方：燕麦片 30 g，琼脂 17～20 g，水 1 000 mL。

配制方法：称取燕麦片 30 g，加水 1 000 mL，在沸水浴上加热 1 h，纱布过滤后加水补足 1 000 mL，加融化后的琼脂，分装后进行高压蒸汽灭菌。若琼脂用量增加到 30 g，培养基不容易干燥，可用于较长时期的培养，有利于促进孢子的产生。

(4) 玉米粉琼胶培养基

配方：玉米粉 300 g，琼脂 17～20 g，水 1 000 mL。

配制方法：与燕麦琼胶培养基相同。

这种培养基养分较少，缓冲作用小，一般真菌在这种培养基上生长较差，但适用于菌种的保存。有些真菌能在这种培养基上产生孢子和子实体，有些卵菌能在上面产生有性世代。

(5) 查氏培养基

查氏培养基是一种合成培养基。

配方：硝酸钠 2 g，磷酸氢二钾 1 g，七水硫酸镁 0.5 g，氯化钾 0.5 g，硫酸亚铁 0.01 g，蔗糖 30 g，琼脂 17~20 g，水 1 000 mL。

配制方法：按以上的次序，将各种成分溶于水中，调节酸碱度，然后分装在三角瓶或试管中灭菌。为了减少沉淀，可以将磷酸盐分别灭菌，等冷却后在无菌的条件下加入培养液中。

2. 培养基的灭菌

培养基灭菌一般都是采用高压蒸汽灭菌法(121℃，20 min)，蒸气的压力和处理时间可以根据培养基的量和导热性能等情况增减，如果器皿中所盛的培养基的量超过 1 000 mL，同时灭菌前培养基已经冷却凝固，必须延长灭菌的时间到 30~45 min。试管或其他器皿中盛培养基的量太多，有时灭菌不易完全。同时，在灭菌后放气时，培养基的温度下降要比灭菌器慢，如放气稍快，培养基盛得太满，则会因沸腾而沾湿棉花塞。

油脂类较难灭菌。含有油脂的培养基，可将油脂单独用干热(165~175℃，1 h)或以少量加压蒸气(121℃，20 min)灭菌后，加到培养基中。保存菌种的矿物油，用干热灭菌较好。

为了避免碳水化合物和其他成分因加压蒸汽灭菌而被破坏，可用 115℃的加压蒸汽处理 10 min。为了保证完全灭菌，要尽量减少未灭菌前器皿中微生物的数量，最好是先将试管或三角瓶等塞好棉花塞，灭菌处理后用来盛培养基，然后用 115℃的加压蒸汽处理 10 min 灭菌。一般都是将不耐高温的成分过滤灭菌后，加在常规灭菌的培养基中。过滤灭菌培养基或其中某些成分，要特别注意确定无菌后才能用，一般是放在适温下（真菌 25℃、细菌 37℃)，观察 3~4 d。

许多生物材料，如植物的枝、叶等，经化学的方法灭菌后用来培养真菌，可以促使它们产生孢子和子实体。在自然条件下，某些真菌可以在作物的残余物上产生孢子和子实体，但是残余物高温灭菌后用以培养这些真菌往往就不再产生孢子和子实体，说明生物材料经高温处理后发生了一定改变。生物材料化学灭菌的方法是将植物的茎秆、叶片和昆虫等，放在玻璃瓶中(材料过于干燥，则可喷水少许润湿，或者在玻璃瓶中放一小块潮湿的吸水纸)，瓶中加入一定量的氧化丙烯(每升容量加入 1 mL)，瓶口密闭后摇荡，在室温下过夜，打开瓶盖使气体散去，灭菌的材料就能用来培养真菌。灭菌的材料，如不过于潮湿，可以保存 1~2 年。除氧化丙烯外，也可用环氧乙烷灭菌，但它的沸点更低，操作不如前者方便。

3. 培养基的存放

灭菌后的培养基最好先放在 30℃恒温箱中 48~72 h，一方面可以使容器内壁的冷凝水蒸发掉，另一方面可以观察有无杂菌生长，经检查合格的培养基即可放在玻璃棚内备用，也可放在 4℃冷橱中保存。不同种类的培养基应分类存放，写上标签，也可用不同色彩的试管帽或标签带作标记，以防混淆。

【作业与思考】

1. 为什么有的培养基需要调节酸碱度？
2. 为什么高压蒸汽灭菌后的培养基上有时仍有杂菌生出？
3. 思考日常生活中的保健知识，哪些与消毒和灭菌有关？哪些与微生物的培养基有关？

实习5　林木病害病原物的分离与致病性测定

病原真菌组织分离

病原菌接种

对常见林木病害病原的鉴定，一般通过症状识别、镜检鉴别、查阅有关资料等进行核对确定。对少见的或新的病害，不能仅就病部发现的可疑病原物仓促作出结论，通常要结合病原菌的形态学特征、分子生物学特征以及二者相结合的方式明确病原菌的种类和分类地位，同时需要对可疑病原物按照科赫法则进行致病性的测定，才能得出最终结论，以上所有工作的前提必须是获得病原物的纯培养物，因此病原物的分离与致病性测定是林木病害鉴定的重要环节和内容。林木病害病原物有真菌、细菌、病毒、线虫等，其中真菌性病害是最为常见且危害最严重的病害，不同类型的真菌分离和致病性测定方式各有差异，现以杨树烂皮病为例介绍林木病原物的组织分离与致病性测定方法。

【目的与要求】

熟练掌握林木病原真菌的分离与致病性测定方法，为林木病害病原物的鉴定提供依据。

【实习准备】

1. 实习材料

75%乙醇溶液、0.1%升汞、25%乳酸、新鲜的杨树烂皮病枝干病组织、无菌水、PDA培养基等。

2. 实习器具

超净工作台、恒温培养箱、酒精灯、培养皿、剪刀、刀片、镊子、封口膜、打孔器、接种针、保鲜膜等。

【实习步骤】

1. 病原物的分离与纯化

(1)分离前的准备工作

①工作环境：清洁的无菌操作室和超净工作台，将所有使用的工具提前半小时放置于超净工作台中进行紫外灯杀菌(病组织材料不需要提前放入超净台)。

②工作人员：自身洁净，操作前用75%乙醇溶液擦拭双手。

③培养皿的制备：将2~3滴25%乳酸滴入9 cm规格的培养皿，然后将融化好的PDA培养基10~15 mL倒入培养皿，平放于超净工作台中，自然冷却凝固后倒置，备用。

(2)组织分离和纯化

①剪取组织材料：取典型的病组织材料，用刀片从病健交界处刮下病组织并用剪刀剪成约 5 mm×5 mm 的病组织样品数块。

②表面消毒：将上一步的病组织样品依次放入 75%乙醇溶液 30 s、0.1%升汞 1~3 min，最后用灭菌水漂洗 3 次。

③培养：将消毒好的组织样品放入提前备好的平板培养基，每皿均匀放置 3~5 块样品组织，在培养皿背面标记分离材料、日期、操作者，封口后倒置放入 25℃恒温培养箱中 3~4 d，观察结果。

④病原菌纯化：培养 4 d 后观察病组织处长出的菌落，在超净工作台内打开培养皿，用接种针挑取病组织边缘长出的菌丝接种在新的培养基上，25℃恒温培养箱中培养 3~4 d，观察菌落形态特征。

2. 病原物的致病性测定

(1)接种材料准备

取健康的 2 年生杨树枝条 20 根，长度约 30 cm，流水冲洗表面灰尘，清洗干净后用吸水纸吸干水分，一端切口用石蜡封口，另外一端浸泡在水中备用。

(2)接种

采用针刺法接种，选取上述备用接种枝条，在合适的位置用 75%乙醇溶液擦拭除去枝条表面杂菌，再用灭菌水擦拭除去酒精。超净工作台内，打孔器在 75%乙醇溶液中浸泡后在酒精灯火焰上灼烧灭菌，重复 3 次，待打孔器冷却后在纯化培养的病原菌平板上打菌饼若干。接种针在 75%乙醇溶液中浸泡后在酒精灯火焰上灼烧灭菌，重复 3 次，待接种针冷却后在待接种的枝条上梅花式针刺出伤口若干，挑取菌饼将菌丝面覆于伤口处用保鲜膜缠绕固定菌饼完成接种。接种后在 25℃恒温培养箱中水培，3 d 后撕开保鲜膜去掉菌饼继续培养，7 d 后观察枝条发病情况并测量病斑大小。选取没有接种病原菌的 PDA 培养基菌饼作为对照组按相同方法接种，每种处理至少重复 10 次。

(3)致病性测定

接种培养 7 d 后，与对照组对比，根据接种枝条发病与否以及病斑大小确定病原物的致病性。

【作业与思考】

1. 病原物分离制备的培养基加入乳酸的目的是什么？
2. 为什么分离材料要取病健交界处，且不能切取过大或过小？
3. 为什么要在接种枝条的一端封口？
4. 在分离、纯化步骤中，要避免污染应注意什么？
5. 在科赫法则实验中，运用到了哪些植物病理学实验技术？举例说明。
6. 针对不同的病原物，如何选择合适的接种方法？
7. 结合实习，谈谈植物病原物成功接种的关键环节和注意事项。

实习6　林木病害智慧化监测

开展林木病害的智慧化监测是提高林木病害监测预警效率、精准性和实施林木病害科学防控的前提。利用互联网、物联网、云计算、大数据、人工智能、多特征传感器联动集成技术和平台实施林间林木健康状态、病害发生状况、症状和病原真菌孢子的远程识别，可实现林木病害监测的可视化、信息化和智慧化。

【目的与要求】

学习林木病害智慧化监测的基本原理、常用软硬件设备及其程序的运行步骤，掌握林间林木健康状态、病害发生状况、症状和病原真菌孢子的远程智慧化监测方法。

【实习准备】

林木智慧化监测所需的软硬件设备包括开展林木病害智慧化监测的硬件和软件。硬件主要包括控制模块、数据采集模块和无线通信模块3个部分(图2-2、图2-3)，主要有太阳能供电系统、中心控制系统、智能小气候系统、孢子捕捉系统、高清远程实时监测系统(360°高清摄像机)，传输层的图像传输系统和应用服务系统；林木病害智慧化孢子捕捉系统包括孢子自动收集、图像处理和孢子测报系统3部分组成。

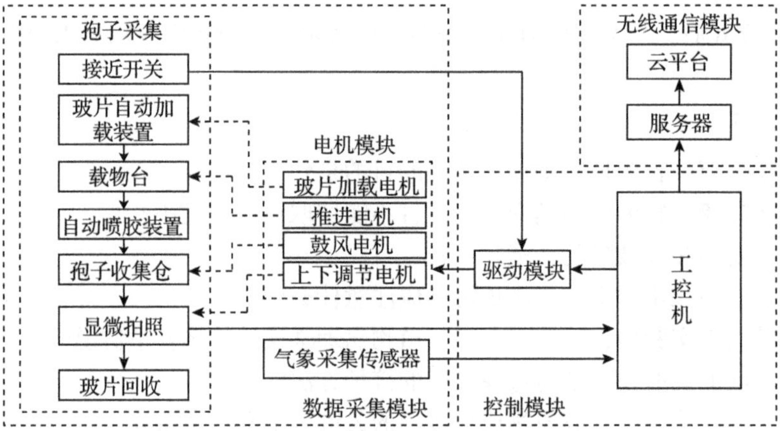

图2-2　林木病害智慧化孢子捕捉系统硬件组成

(李晓慧等，2019)

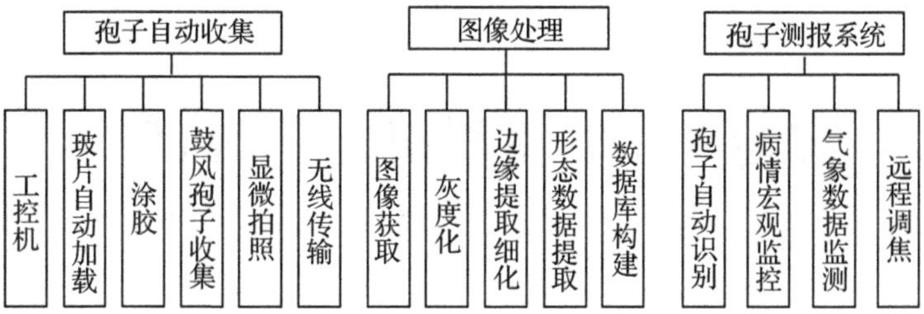

图 2-3　林木病害智慧化孢子捕捉系统总体架构

（李晓慧等，2019）

智能孢子捕捉系统基于嵌入式工控机、高倍显微镜、电荷耦合器件(CCD)、数字摄像头和云服务器等，能够实现从载玻片加载、病原菌孢子捕捉、显微成像、已使用载玻片回收和监测信息发送至远程监测平台等过程的全自动化，提高了孢子检测精度与工作效率，使系统不仅具有自动捕捉病原菌孢子的特点，并实时将生态学监测数据、树木健康状态数据、病情、病害症状和病菌孢子数据上传至智慧云平台，在平台上实现病害识别、病菌孢子自动识别计数，用户通过手机应用程序、电脑端就可远程查看林木的健康状态、病情、病害症状及其发生情况，实现数据自动传输、智能分析，以信息化的方式让病害监测预警准确率更高，发布更及时，有效减轻灾害损失，为现代林木病害的智慧化监测预警和科学防控提供服务。

【实习步骤】

①实地或者远程参观智慧化监测软硬件设备系统的构建及其功能：打开相关设备，逐一学习每一个设备的构造，明确每一个设备在林木智慧化监测中的功能，学习相关软件程序的使用方法，明确各个软件在林木智慧化监测中作用，搞清所有软硬件的运行模式。

②下载相关病害监测系统应用程序或使用电脑远程监测林间树木健康状况、病情、病害症状、病菌孢子特征及其数量(图 2-4)。

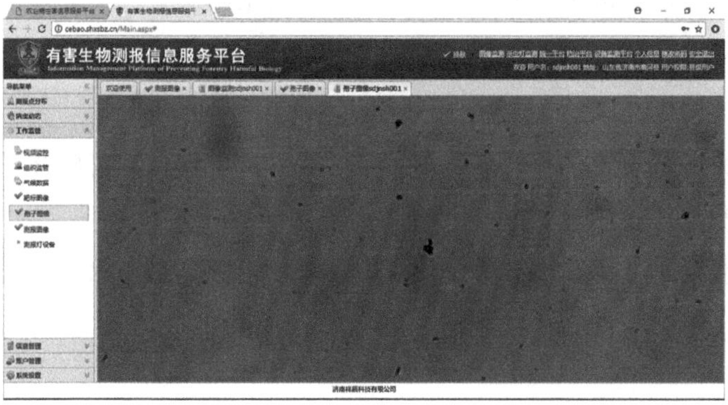

图 2-4　林木病害智慧化孢子捕捉系统自动捕获的病菌孢子图像

【作业与思考】

1. 查阅文献，谈谈开展林木病害智慧化监测预警工作的重要性。
2. 了解当地林木病害智慧化监测技术现状。
3. 谈谈现代林木病害智慧化监测的设备、监测技术和方法。

实习 7　杀菌剂田间药效试验

推动绿色发展，促进人与自然和谐共生是森林保护工作者的初心与使命。杀菌剂是对植物病原菌具有灭杀或生长抑制作用的药剂。研发和生产过程当中，常需要对杀菌剂的田间药效进行试验和效果评价，从而筛选特定植物病害防治适宜选用的杀菌剂种类和施药方法，或明确特定杀菌剂的适用防治范围及使用方法等。诸多因子共同影响防治效果是杀菌剂田间药效试验不可避免的问题。只有规范化和标准化的杀菌剂药效试验，才能获得准确而可靠的药效评价结果。截至 2024 年，我国杀菌剂田间药效试验准则合计有 60 余项，但多数防治对象为农作物病害，仅少部分标准涉及柑橘、苹果、梨等经济林木病害。在选择杀菌剂田间药效试验和效果评价方法时，应优先按照已有标准执行。如果尚未制定相关标准，则可参考类似标准执行，或者根据杀菌剂田间药效试验的基本原则制定试验方案。

【目的与要求】

1. 掌握杀菌剂田间药效试验基本原理，学习设计杀菌剂田间药效试验方案。

2. 掌握杀菌剂药效评价方法，为杀菌剂适用范围、杀菌剂施用方法确定以及特定林木病害防治杀菌剂筛选等科研及生产工作的开展奠定基础。

【实习准备】

1. 实习材料

待评估林木病害防治效果的杀菌剂，如百菌清、代森锰锌、石硫合剂等。

2. 实习器具

与杀菌剂剂型相匹配的施药器械，如背负式电动喷雾器或灌根药械等；防治效果调查所需的各种工具，如纸笔、枝剪、手持放大镜等。

【实习步骤】

1. 确定实习林地

根据实习需求选择林地。所选林地病害发生程度应达到防治阈值，以保证实验结果的有效性。所选林地面积以及林木株数应满足实习所需的重复。一般而言，每个处理的重复应不少于 3 次。根据病害种类等实际情况，以多株发病植株的林地或单株发病林木视为独立的重复。应设置不施加杀菌剂的空白对照。

2. 供试杀菌剂选择

对于一种林木病害筛选合适的防治杀菌剂，建议筛选若干室内毒力测定中表现较好杀菌或抑菌作用的杀菌剂进行田间药效实验。对于必须在植株体内经转化后方具有杀菌或抑菌能力的杀菌剂、以免疫诱导为主的杀菌剂以及其他具体特殊作用机理的杀菌剂，可以考虑先以盆栽苗和苗床苗等进行初步效果评价，再筛选防治效果较好的若干杀菌剂进行田间药效试验。评估新研发杀菌剂的田间药效，建议选择一种以上常用市售杀菌剂作为对照。

3. 使用量

市售杀菌剂使用量建议以推荐使用药量执行。条件允许且必要的情况下，可以同时评估低于推荐用量与高于推荐用量的杀菌剂田间药效。新研发杀菌剂施用量可参考市售的同类或类似杀菌剂进行施用量设计，条件允许的情况下建议同时评估多个使用量的田间防治效果以明确不同用药量的田间防治效果。

4. 施用次数

杀菌剂施用次数依林木病害种类和杀菌剂类型，并综合考量防治效果和防治成本而定。如果单次施药防治效果能满足生产需求，则不建议多次施药。如果单次施药的防治效果无法满足生产需求，则需多次施药。多次施药间隔期一般为 7~10 d，具体因杀菌剂持效期长短而异。

5. 施药时间

施药时间也根据杀菌剂类型与林木病害种类而定。保护剂应在多数植株侵染发病前施用，治疗剂则应该在田间林木开始发病时施用。林木病害若已有防治标准，应该参照标准选择施药时间；若防治病害尚无标准，应根据病害发生发展特性以及相似病害类型选定施药时间。

6. 施药方法

施药方法根据杀菌剂剂型而定，如熏蒸剂应采用熏蒸的施药方法，烟剂应采用放烟的施药方法，水悬浮剂、乳油、可湿性粉剂等剂型应加水稀释后进行喷雾或者灌根。在允许的情况下，可采取多种施药方法的杀菌剂可以同时比较多种施药方式的药效差异，最后根据施药效率和防治效果推荐施药方法。

7. 田间药效试验记录

应尽可能详细地记录杀菌剂田间药效试验实施前后防治区和对照区林木病害发生情况，如发病率、病情指数、发病面积等。应详细记录施药日期、施药方法、用药量、田间药效，以及降水、气温、经营活动等一切可能影响田间药效的信息。

8. 防治效果评估方法

杀菌剂的田间药效可以根据防治区和对照区的病情进行计算。病情可以采用病情指数、发病率、产量等进行表示。田间药效调查应在杀菌剂持效期过后进行。具体计算方法应根据林木种类、病害危害部位、林地功能类型等因素进行综合考量。

对于积年流行病害的单循环病害，可以参考以下公式计算防治效果：

$$防治效果(\%)=\frac{对照区病情-防治区病情}{对照区病情}\times100\% \tag{2-4}$$

对于单年流行病害的多循环病害，可以参考以下公式进行防治效果计算：

$$防治效果(\%)=\left[1-\frac{防治区终期病情-防治区初始病情}{对照区终期病情-对照区初始病情}\right]\times100\% \tag{2-5}$$

对于果品经济林以及采种母树林等林木病害的田间防治效果，可以以符合生产质量标准的产量作为评价指标进行计算：

$$防病增产效果(\%)=\frac{防治区产值-对照区产值}{对照区产值}\times100\% \tag{2-6}$$

$$防病保产效果(\%)=\frac{防治区产值-对照区产值}{健康区产值-对照区产值}\times100\% \tag{2-7}$$

9. 杀菌剂田间药效试验设计举例

以葡萄霜霉病防治药剂筛选为例，进行田间药效试验设计。

(1) 试验小区

在霜霉病历年发生严重的葡萄园中选取试验小区。应保证试验小区的土壤类型、施肥、品种、株行距等栽培条件基本一致。露地试验小区面积包含葡萄株数为 8~15 株，棚室可适当减少至每试验小区 6~10 株。每药剂处理组和对照组重复应不少于 4 次。如果进行熏蒸剂和烟雾剂的试验，每个处理应使用单个棚室或隔离棚室。

(2) 供试药剂及浓度

选用 5 种可用于防治霜霉病的杀菌剂进行药剂筛选试验，如 5%D-柠檬烯可溶液剂、35%氟菌·戊唑醇悬浮剂、60%唑醚·代森联水分散粒剂、75%肟菌·戊唑醇水分散粒剂、80%代森锰锌可湿性粉剂。药剂的使用浓度按所选药剂说明书推荐浓度执行。以清水为对照。

(3) 施药时间及频率

在叶片或果穗始见发病时第一次施药，以后视病害发展情况和药剂持效期决定施药时间和次数，具体参照选用药剂说明书执行。施药时应记录施药次数、施药日期及葡萄生育期。

(4) 施药方法

根据选用药剂剂型，采用电动背负式喷雾器等常用药械进行施药。记录所用器械的类型和参数信息。施药应保证药量准确、分布均匀，用药量偏差超过±10%的需记录备案。

(5) 防治效果调查与计算

施药前应调查病情基数。下次施药前及末次施药后 7~14 d 调查防治效果，或视病害发展情况和药剂持效期决定调查时间和次数，记录施药次数、每次施药日期及葡萄生育期。每小区随机调查 10 个当年抽生新蔓，自上而下调查全部叶片，按表 2-7 分级方法记录各级病叶数及总叶数。

表 2-7　葡萄霜霉病病级分级标准

病级	发病程度
0	无病斑
1	病斑面积占总叶面积的 5%以下
3	病斑面积占总叶面积的 6%~25%
5	病斑面积占总叶面积的 26%~50%
7	病斑面积占总叶面积的 51%~75%
9	病斑面积占总叶面积的 76%以上

按以下公式计算病情指数：

$$\text{病情指数}(\%)=\frac{\sum(\text{各级病叶数}\times\text{相对级数值})}{\text{调查总叶数}\times 9}\times 100\% \tag{2-8}$$

按以下公式计算防治效果：

$$\text{防治效果}(\%)=\left[1-\frac{\text{对照组药前病情指数}\times\text{处理组药后病情指数}}{\text{对照组药后病情指数}\times\text{处理组药前病情指数}}\right]\times 100\% \tag{2-9}$$

若是防治前未统计病情基数，可采用下面的公式进行防治效果计算：

$$\text{防治效果}(\%)=\frac{\text{对照组病情指数}-\text{处理组病情指数}}{\text{对照组病情指数}}\times 100\% \tag{2-10}$$

【作业与思考】

1. 田间药效试验与毒力测定有什么区别？
2. 怎样合理使用杀菌剂防治林木病害？
3. 如何评价田间药效试验防治效果？如何保证田间药效试验结果的准确性？
4. 思考如何从“双碳”战略目标的角度评价杀菌剂田间药效试验。

参考文献

毕朝位，陈国康，2017. 普通植物病理学实验实习指导［M］. 重庆：西南师范大学出版社．

蔡信之，黄君红，2019. 微生物学实验［M］. 4 版．北京：科学出版社．

陈金春，陈国强，2007. 微生物学实验指导［M］. 4 版．北京：清华大学出版社．

戴芳澜，1979. 中国真菌总汇［M］. 北京：科学出版社．

段玉玺，2011. 植物线虫学［M］. 北京：科学出版社．

方中达，1996. 植病研究方法［M］. 北京：中国农业出版社．

顾建锋，王江岭，2011. 伞滑刃属线虫形态和分子鉴定［M］. 厦门：厦门大学出版社．

郝雅琼，刘红星，王泽华，等，2022. 栗疫病菌侵染板栗枝条的显微观察［J］. 植物保护，48(1)：179-184，203.

贺伟，叶建仁，2017. 森林病理学［M］. 2 版．北京：中国林业出版社．

焦林，2018. 小麦条锈病菌夏孢子显微图像远程采集装置设计及处理方法［D］. 咸阳：西北农林科技大学。

匡海源，罗光宏，王爱文，2004. 中国瘿螨志(二)［M］. 北京：中国林业出版社．

李培琴，2023. 普通植物病理学实践教程(双语)［M］. 北京：中国林业出版社．

李培琴，明洁，张舒瑶，等，2021. 黄帝陵侧柏叶枯病的病原菌鉴定及防治药剂筛选［J］. 西北农林科技大学学报(自然科学版)，49(1)：74-84.

李晓慧，胡宪亮，王圣楠，等，2019. 病菌孢子自动测报系统的设计［J］. 曲阜师范大学学报，45(4)：54-58.

李玉，刘淑艳，2015. 菌物学［M］. 北京：科学出版社．

梁超琼，曹支敏，陈敏，等，2014. 杨树水泡型溃疡病菌培养性状、无性型与分子系统学分析［J］. 林业科学，50(4)：66-76.

林雪坚，吴光金，石明旺，等，1993. 桉树青枯病病原菌的研究［J］. 湖南林业科技，2：6-10.

刘红彦，2013. 果树病虫害诊治原色图谱［M］. 北京：中国农业科学技术出版社．

刘维志，2000. 植物病原线虫学［M］. 北京：中国农业出版社．

毛小芳，李辉信，陈小云，等，2004. 土壤线虫三种分离方法效率比较［J］. 生态学杂志(3)：149-151.

南京林学院，1979. 普通植物病理学［M］. 北京：农业出版社．

宁思潇潇，2015. 摄影笔记［M］. 北京：人民邮电出版社．

庞久帅，王雪菲，田菲菲，等，2019. 河北核桃溃疡病病原及生物学特性研究［J］. 林业与生态科学，34(2)：167-175.

全国竹藤标准化技术委员会，2014. 竹秆锈病诊断及防治技术规程：LY/T 2346—2014［S］. 北京：全国竹藤标准化技术委员会．

邵嘉鸣，张述义，1994. 核桃枝枯病菌生物学特性研究及药剂毒力测定［J］. 山西农业科学(1)：49-51.

邵力平，姜志贵，张连有，1980. 红松疱锈病病原菌的鉴定［J］. 林业科学(4)：279-282.

孙广宇，宗兆锋，2002. 植物病理学实验技术［M］. 北京：中国农业出版社．

天成，2019. 自然之美：数码微距摄影技巧大全［M］. 北京：中国电力出版社．

田国忠，温秀军，李永，等，2005. 枣疯病和泡桐丛枝病原植原体分离物的组织培养保藏和嫁接传染研究

[J]. 林业科学研究(1): 1-9.
王程利, 2018. 脉冲云智能孢子捕捉仪的研制与小麦锈病远程监测[D]. 泰安: 山东农业大学.
王冬梅, 2017. 微生物学实验指导[M]. 北京: 科学出版社.
王海明, 牛迎福, 王永立, 等, 2015. 欧美杨细菌性溃疡病发生与危害林间观察[J]. 中国森林病虫, 34(2): 19-22.
王金生, 2000. 植物病原细菌学[M]. 北京: 中国农业出版社.
王靖涵, 2022. 松材线虫与拟松材线虫种间竞争及相关基因的生物学功能研究[D]. 南京: 南京林业大学.
王生荣, 张俊华, 冉隆贤, 等, 2013. 普通植物病理学实验[M]. 北京: 北京大学出版社.
谢丽艳, 2013. 拟松材线虫和松材线虫的遗传多样性分析[D]. 南京: 南京林业大学.
谢联辉, 2013. 普通植物病理学[M]. 2版. 北京: 科学出版社.
谢联辉, 林奇英, 2011. 植物病毒学[M]. 北京: 中国农业出版社.
邢来君, 李明春, 魏东盛, 2010. 普通真菌学[M]. 2版. 北京: 高等教育出版社.
徐德强, 王英明, 周德庆, 2019. 微生物学实验教程[M]. 4版. 北京: 高等教育出版社.
许志刚, 2008. 普通植物病理学实验实习指导[M]. 2版. 北京: 高等教育出版社.
许志刚, 胡白石, 2021. 普通植物病理学[M]. 5版. 北京: 高等教育出版社.
杨宝君, 潘宏阳, 汤坚, 等, 2003. 松材线虫病[M]. 北京: 中国林业出版社.
杨斌, 1998. 云南省华山松疱锈病病原研究[J]. 西南林学院学报(3): 168-174.
杨旺, 1996. 森林病理学[M]. 北京: 中国林业出版社.
叶建仁, 田呈明, 2024. 林木病理学 [M]. 4版. 北京: 中国林业出版社.
张丹, 吴耀, 粟贵俊, 等, 2023. 绿色食品农药准入下的葡萄霜霉病防治药剂筛选[J]. 中国植保导刊, 43(7): 80-82.
张铉哲, 冉隆贤, 李永刚, 等, 2015. 植物病理学研究技术[M]. 北京: 北京大学出版社.
赵小娟, 叶云, 冉耀虎, 2019. 基于物联网的茶树病虫害监测预警系统设计与实现[J]. 中国农业信息, 31(6): 107-115.
浙江农业大学, 四川农业大学, 河北农业大学, 等, 1992. 果树病理学[M]. 北京: 农业出版社.
中国林业科学研究院, 1984. 中国森林病害[M]. 北京: 中国林业出版社.
钟兆康, 1981. 杨树新病害——杨疡壳孢菌溃疡病的研究简报[J]. 林业科技通讯(4): 23-24.
周仲铭, 1990. 林木病理学(修订本)[M]. 北京: 中国林业出版社.
AGRIOS GEORGE N, 2005. Plant pathology[M]. 5th ed. New York: Academic Press.
MARQUEZ N, GIACHERO M L, DECLERCK S, et al. ,2021. Macrophomina phaseolina: General characteristics of pathogenicity and methods of control[J]. Frontiers in Plant Science, 22(12): 634397.
MUJEEBUR R K, MARISOL Q, 2023. Nematode diseases of crops and their sustainable management[M]. San Diego: Academic Press.